Jens D. Billerbeck · Wegweiser zum Datenhighway

Wegweiser zum Datenhighway

Praxisorientierte Einführung

Dipl.-Ing. Jens D. Billerbeck

VDI VERLAG

Die Deutsche Bibliothek - CIP-Einheitsaufnahme

Billerbeck, Jens D.:
Wegweiser zum Datenhighway : praxisorientierte Einführung /
Jens D. Billerbeck. - Düsseldorf : VDI-Verl., 1995

Druck und Verarbeitung: Weiss und Zimmer AG, Mönchengladbach

ISBN-13: 978-3-540-62206-2   e-ISBN-13: 978-3-642-95777-2
DOI: 10.1007/ 978-3-642-95777-2

Vorwort

Datenhighway, Datenautobahn oder gar Information-Superhighway - das sind die Schlagworte mit denen die Zukunft einer globalen Informationsgesellschaft markiert wird. Wie fast immer kommen diese Trends aus den USA, wo im letzten Präsidentschaftswahlkampf der designierte Vize Al Gore die Bedeutung der globalen Datenkommunikation unterstrich. Die Schaffung einer Infrastruktur für diese Vision - Glasfaserkabel bis in jeden Haushalt, Satelliten und Glasfaserverbindungen zwischen den Kontinenten - soll nach Ansicht der Politiker Arbeitsplätze generieren und die Vermarktung und Weiterleitung von Informationen wird - da sind sich die Marktforscher einig - ein großer Zukunftsmarkt werden.

Doch die Zukunft hat schon begonnen. Es sind zwar noch keine Autobahnen, über die heute Informationen weltweit verschickt und genutzt werden können, aber gut ausgebaute Bundesstraßen mit zum Teil autobahnähnlichem Ausbau (um beim Bild zu bleiben) stehen praktisch Jedermann zur Verfügung.

Datenfernübertragung oder kurz DFÜ ist der Schlüssel zu diesem Straßennetz und dieses Buch soll helfen, die bereits vorhandenen Möglichkeiten zu nutzen und so für den Datenhighway der Zukunft vorbereitet zu sein. DFÜ hat dabei nichts mit dem zu tun, was in den Anfangsjahren der Computerei eine gewisse „Hackerromantik" hatte. Sie werden auf den kommenden Seiten erfahren, wie Sie Ihren PC an Telefon- oder ISDN-Anleitungen anschließen, wie Sie mit Mailboxen kommunizieren, Daten verschicken und die Dienste der großen globalen Anbieter nutzen können. Wie Sie allerdings illegal in den Rechner Ihrer Bank oder - wie Anfang 1995 geschehen - in die Rechenanlage des Pentagon eindringen, das wird nicht Gegenstand dieses Buches sein.

Denn Datenfernübertragung ist richtig eingesetzt schon heute ein wertvolles Hilfsmittel im privaten und beruflichen Alltag. Der Wert des Rohstoffes Information ist nämlich meist davon abhängig, wie schnell man die richtigen Daten am richtigen Ort zur Verfügung hat. Und genau da leistet DFÜ einen wichtigen Beitrag, der auch handfeste geldwerte Vorteile bringen kann.

Dieses Buch soll Sie bei der Erkundung des Datenhighway unterstützen und Ihnen Tips und Anregungen aus der Praxis vermitteln. Viel Spaß bei Ihren ersten Schritten in der Welt der Datenkommunikation

Düsseldorf, im Januar 1995   *Jens D. Billerbeck*

Inhalt

1 Einführung

Das Schlagwort vom Datenhighway ist heute in aller Munde und verheißt eine neue Form der globalen Informationsgesellschaft. Doch die Basis dafür ist in jedem Fall die Datenkommunikation, wie sie schon heute ohne großen Aufwand über Telefonleitungen möglich ist. Am Anfang dieses Buches soll daher ein kurze Begriffs- und Standortbestimmung stehen. Gleichzeitig erfahren Sie, was Sie in den dann folgenden Kapiteln erwartet.

1.1 Was ist Datenkommunikation ?

Kommunikation, der Austausch von Informationen und Meinungen, gehört zum täglichen Leben. Wir diskutieren, wir schreiben Briefe, wir telefonieren und haben so vielfältige Möglichkeiten mit anderen Menschen in Kontakt zu treten. Dabei hilft auch der Computer, wenn wir z.B. mit seiner Hilfe einen Brief schreiben, die Adressen der wichtigsten Kunden oder des privaten Freundeskreises speichern. Doch diese Form der „Computer unterstützten Kommunikation" kann man noch nicht als echte Datenkommunikation bezeichnen.

Die liegt genaugenommen erst dann vor, wenn wir den Computer auch als Kommunikationsmedium nutzen und so mit anderen Computern in Verbindung treten. Die einfachste Form einer solchen PC-zu-PC-Verbindung ist eine Diskette. Auf ihr lassen sich Texte, digitalisierte Bilder und Klänge speichern, per Post verschicken und auf einem anderen PC wiedergeben: Es hat eine Form der Datenkommunikation stattgefunden.

Doch dieser Weg ist zeitraubend und wenig komfortabel. Deswegen wollen wir uns in diesem Buch ausschließlich mit jener Datenfernübertragung (kurz DFÜ) beschäftigen, die über vorhandene Telekommunikationswege, also heute im wesentlichen das Telefonnetz, durchgeführt wird. Diese Form der DFÜ ist schon fast so alt, wie der Computer selbst, aber sie hat sich stetig fortentwikkelt und wird heute auch hohen Ansprüchen an die Übertragungsleistung gerecht.

Natürlich gibt es auch neuere, speziell für die DFÜ entwickelte Kommunikationswege. Dazu gehören z.B. Glasfaserverbindungen, Satelliten- oder Richtfunkstrecken und natürlich verbraucherseitig spezielle Dienste wie Datex-P oder ISDN. Für die ersten erfolgreichen Schritte im weltweiten Datennetzen ist aber das Telefon eine geeignete, und vor allem preiswerte Alternative.

1.2 Das Handwerkszeug der DFÜ

Grundlage für jede Art der Datenfernübertragung ist natürlich erst einmal der Besitz eines Personalcomputers, ganz egal ob es sich dabei um einen stationären (Desktop-) oder mobilen (Laptop- oder Notebook-) PC handelt. Mit diesem Gerät und seiner Basissoftware (Betriebssystem) sollten Sie schon einige Erfahrungen gesammelt haben, um erfolgreich auf die Datenreise zu gehen. Dieses Buch wird nicht beschreiben, wie Sie ein Anwenderprogramm starten, wie Sie Verzeichnisse erstellen oder Dateien kopieren. Diese Basiskenntnisse müssen schon aus Platzgründen vorausgesetzt werden.

Zusätzlich benötigen Sie ein sogenanntes Modem. Dieses Gerät sorgt dafür, daß die Informationen Ihres PC in Signale umgewandelt werden, die über eine Telefonleitung zu verschicken sind. Wie so ein Modem aufgebaut ist und welche Aufgaben es bei der DFÜ übernimmt, das lesen Sie im 2. Kapitel dieses Buches, das der Hardware gewidmet ist.

Natürlich gehört zur DFÜ auch Software. Am schnellsten und billigsten kommt man mit einem einfachen Terminalprogramm zum Ziel, wie es z.B. bei der grafischen Betriebssystemerweiterung Windows im Lieferumfang enthalten ist. Der Name „Terminalprogramm" rührt daher, daß diese relativ einfachen Programme den PC ursprünglich in die Lage versetzten, als "dummes" Terminal an einem Großrechner zu fungieren. Sie übernehmen heute den Datentransport vom Rechner zum Modem und zurück und sorgen für die Darstellung der Informationen am Bildschirm.

Daneben gibt es natürlich große Anwenderpakete, die gleichfalls DFÜ-Möglichkeiten haben, Software zum Versenden und Empfangen von Faxen und spezielle Programme für die professionellen Online- und E-Mail-Dienste. Ausführlich werden wir darauf im 3. Kapitel eingehen, das sich der Software für die Datenfernübertragung widmet.

Eine ganz wichtige Voraussetzung für die Beschäftigung mit dem spannenden Thema DFÜ darf hier nicht vergessen werden: Viel Zeit und Geduld. Trotz der heute sehr ausgereiften Technik, kommt es immer wieder vor, daß mal eine Verbindung nicht zustande kommt, Ihr Modem mitten in der Übertragung abbricht oder daß es „Verständigungsschwierigkeiten" zwischen den beiden Computern gibt. Da hilft meist nur geduldiges Suchen, um den Fehler zu finden und zu beheben. Hilfestellung dazu gibt das 4. Kapitel, das praktische Übungen aus verschiedenen Bereichen der DFÜ und viele Tips und Tricks bietet.

Geduld ist bei der Wanderung in Datennetzen aber noch aus einem anderen Grund erforderlich: Der Aufenthalt in Mailboxen und Online-Diensten hat eine Eigendynamik - ähnlich wie das Lesen eines Lexikons. Obwohl man die gesuchte Information längst gefunden hat, reizt die Fülle des Gebotenen zu immer neuen Streifzügen und Entdeckungsreisen. Da solche zeitraubenden Datenreisen vor allem Nachts geschehen (wenn die Telefonkosten niedrig sind), sind DFÜ-Reisende am nächsten Morgen oft durch tiefe Ringe unter den Augen gekennzeichnet...

1.3 Und was kostet der Spaß?

Mit der Erwähnung der Telefonkosten wurde ein weiterer wichtiger Punkt angeschnitten, der vor der Beschäftigung mit DFÜ überlegt sein will. Die Kommunikation von PC zu PC erfolgt meist über die normale Telefonleitung und damit sind auch die normalen Telefongebühren dafür fällig. Spielt sich das ganze im Ortsnetz ab, so fällt dieser Punkt nicht sonderlich ins Gewicht, aber der Anruf einer Mailbox am anderen Ende Deutschlands oder gar im Ausland kann die Telefonrechnung schnell in ungewohnte Höhen treiben.

Die professionellen Diensteanbieter haben dies erkannt, und in allen wichtigen Ballungszentren Einwahlmöglichkeiten geschaffen, aber die Fülle von privaten und firmeneigenen Mailboxen ist halt meist nur per Ferngespräch erreichbar. Darüber sollten Sie sich im klaren sein, wenn Sie ohnehin schon über eine viel zu hohe Telefonrechnung klagen (und wer tut das nicht?).

Natürlich verursacht auch die Inanspruchnahme der meisten professionellen Mailboxen und kommerziellen Online-Dienste zusätzliche Kosten, die extra abgerechnet werden. Leider sind die Gebührenpläne solcher Einrichtungen nicht immer transparent, bei internationalen Unternehmen wird außerdem meist in Dollar abgerechnet, aber die Angaben im Anhang 5.4 können Ihnen zumindest einen ungefähren Eindruck von dem vermitteln, was da auf Sie zukommt.

In Haushalten mit mehr als einer Person und vor allem in Firmen kommt noch ein Weiteres hinzu: So lange der PC über sein Modem kommuniziert, so lange er "online" ist, ist der betreffende Anschluß natürlich besetzt. Das mag bei nächtlichen Datenreisen nicht besonders ins Gewicht fallen. Aber wenn Sie am Sonntag mehrere Stunden in einer Mailbox herumschnuppern und ein anderer Familienangehöriger mit Freunden längere Telefongespräche führen möchte, sind Konflikte vorprogrammiert. Da könnte sich dann auch die Einrichtung eines zweiten Telefonanschlusses lohnen.

1.4 Alles nur Spielerei oder ?

Das Stadium der Spielerei für unverbesserliche Hacker hat die Datenfernübertragung längst verlassen. Was aber nicht heißen soll, daß Sie bei Ihren Datenreisen nicht auch Spaß und Freude haben werden. Doch bei den manchmal nicht unerheblichen Kosten muß natürlich auch ein Nutzen bei der ganzen Beschäftigung mit DFÜ herausspringen, denn sonst würde es wohl kaum einen dauerhaften Bedarf für sinnvolle Datenkommunikation geben.

Keine Angst, den handfesten Nutzen gibt es selbstverständlich, und immer mehr Menschen und Firmen nutzen die sinnvollen Möglichkeiten der DFÜ. Im Folgenden soll nur eine kleine Aufzählung der nützlichen Dinge gegeben werden, die ohne jeden Anspruch auf Vollständigkeit ist. Im Kapitel 4 über einzelne Mailboxen und Online-Dienste wird dieser Punkt dann noch ausführlicher behandelt. Aber was versteht man überhaupt unter einer Mailbox oder unter einem Online-Dienst?

1.4.1 Mailboxen - das weite Land

Mailboxen, das sind elektronische Briefkästen, die von Firmen, Vereinen, aber auch von zahlreichen Privatleuten betrieben werden. Man kann sich bei Ihnen als Gast einwählen, oder eine Mitgliedschaft beantragen. Letztere ist in einigen Fällen kostenlos, andere Mailboxen verlangen geringe monatliche Gebühren. Als nicht registrierter Gast einer Mailbox kann man meistens nur einige der Mitteilungen lesen, die die Mailbox-Mitglieder in den einzelnen Abteilungen der Mailbox abgelegt haben. Hier werden oft kontroverse Diskussionen über alle möglichen Themen geführt. Will man mitdiskutieren, dann muß man meist die Mitgliedschaft beantragen. Als registrierter Nutzer einer Mailbox kann man dann auch Dateien und Programme aus der Box auf den eigenen Rechner laden - in der Fachsprache heißt das „Download", oder eigene Programme und Dateien einer breiten Öffentlichkeit zur Verfügung stellen, indem man sie auf die Mailbox überspielt, der Begriff heißt „Upload".

Mailboxbetreiber gibt es mittlerweile zigtausende in der Bundesrepublik, im europäischen Ausland und natürlich vor allem in den USA. Listen aktueller, neuer Mailboxen finden sich in den einschlägigen Computerfachzeitschriften. Dort ist auch angegeben, welche Themen die jeweilige Mailbox behandelt. Leider gibt es auch Mailboxen, die sich recht zweifelhafter Themen bedienen. Vor allem die rechtsradikale Szene hat eine Zeit lang ein unrühmliches Licht auf die Datenfernübertragung geworfen, da es einige Mailboxen gab (und wohl leider auch noch gibt) in denen nationalsozialistisches und fremdenfeindliches Gedankengut publiziert wurde.

1.4.2 Compuserve - Profis am Werk

Während sich die Mailbox-Szene viel von der etwas anarchistischen Philosophie der frühen Hacker bewahrt hat, stehen hinter den Online-Diensten und professionellen Datenbanken handfeste kommerzielle Interessen. Für die Inanspruchnahme ihrer Dienste ist in aller Regel eine Gebühr zu bezahlen, dafür werden diese Dienste aber auch professionell gewartet und weiten ihr Angebot stetig aus.

Der in Computerkreisen wohl bekannteste Online-Dienst, der auch im Praxisteil dieses Buches noch ausführlich geschildert wird, ist Compuserve. In Columbus im US-Bundesstaat Ohio beheimatet, hat Compuserve mittlerweile Niederlassungen in vielen Ländern (in Deutschland z.B. in München) und ist in den großen Städten über dort befindliche Anwahlknoten zum Ortstarif per Modem erreichbar.

Wenn Sie bei Compuserve Mitglied sind, dann können sie z.B.

- aktuelle Informationen von Firmen und Organisationen abrufen

- weltweit elektronische Post und Faxe direkt aus dem PC versenden

- Nachrichtendienste aktuell abrufen

- sich über Börsenkurse aktuell informieren

- Bahn- und Flugreisen am PC buchen

- Hotels und Mietwagen weltweit buchen (Bild 1)

- an Diskussionen mit Menschen auf der ganzen Welt teilnehmen

- Herstellern Fragen zu Hard- und Softwareproblemen stellen

- und vieles, vieles mehr

Der Erfolg von Compuserve, der gerade Anfang Februar zu einer Neuordnung der Gebührenstruktur und damit vielfach zu einer Verbilligung der Dienste für den durchschnittlichen Benutzer geführt hat, ruft natürlich Wettbewerber auf den Plan. So verkündete Bill Gates, Gründer und Chef von Microsoft im Herbst letzten Jahres, daß Microsoft einen eigenen Online-Dienst starten werde. Die Zugangsmöglichkeit für diesen Dienst, der unter dem Arbeitstitel „Marvel" entwickelt wurde, soll integraler Bestandteil des neuen Betriebssystems Windows 95 werden, daß im Herbst diesen Jahres erscheinen soll. Man darf gespannt sein, wie sich die Online-Welt mit dem Eintritt des Software-Marktführers in dieses Geschäft verändern wird.

```
Hotel Availability for
                          NEW YORK CITY, NY
                   Mon 17-Jul-1995 to Tue 18-Jul-1995

   (Chain Code) Hotel Name        City          Miles from NYC   Rate

   @ (BW)-BW HOTEL AND CONF CTR HEMPSTEAD NY        20E    $85.00
   @ (PH)-THE LOWELL            NEW YORK CITY              $295.00
   @ (BW)-BW PRESIDENT HOTEL    NEW YORK NY        17W    $75.00
   @ (PW)-THE LOMBARDY          NEW YORK NY          S    $190.00
   @ (LH)-THE FRANKLIN HOTEL    NEW YORK NY               $129.00
     (RW)-RADIO CITY SUITES APA NEW YORK NY               $85.00
   @ (BW)-BW THE WOODWARD       NEW YORK NY               $130.00
   @ (UI)-BARBIZON HOTEL        NEW YORK, NEW YORK   N    $105.00

                  @ = FAST Confirmation Hotel

      Select          Rates          Details          Cancel
```

Bild 1: Internationale Hotelbuchungen über Compuserve

1.4.3 Internet - sympathisches Chaos aus mehr als 3 Millionen Rechnern

Eine besondere Stellung in der DFÜ-Welt nimmt ein Gebilde ein, das in der breiten Öffentlichkeit als „Internet" bezeichnet wird. Dieses weltweite Netzwerk, das eigentlich ein Zusammenschluß von vielen einzelnen Netzen ist, geht auf eine Initiative des US-Verteidigungsministeriums zurück, wird aber heute überwiegend zivil genutzt und ist vor allem für Hochschulen und Firmen ein wichtiges Informations- und Kommunikationsmedium. Um in das Internet zu gelangen gibt es mehrere Möglichkeiten: Man läßt sich an einem Netzknoten (meist kommerziell betrieben) gegen eine Gebühr registrieren oder nutzt den von einigen Hochschulen gewährten kostenlosen Zugang. Beim neuen Betriebssystem OS/2 Warp ist z.B. die Möglichkeit für einen Internet-Zugang per Modem über den IBM-Knotenrechner gleich mitgeliefert.

Aber auch die Benutzer von Compuserve können das Internet immer intensiver nutzen. War schon lange das versenden von E-Mail kein Problem mehr, so sind jetzt auch die Diskussionsgruppen des Usenet über Compuserve erreichbar und seit Beginn diesen Jahres steht auch einem Filetransfer aus dem Internet nichts mehr im Wege. Ein Zugang zum WWW - zum Hypertextbasierten World-Wide-Web des Internet - soll ebenfalls noch im Laufe dieses Jahres geschaffen werden (Redaktionsschluß Januar 1995).

1.4.4 Datenbanken - Wissen am Draht

Die vielen Online-Datenbanken, die es mittlerweile in Deutschland gibt (z.B. FIZ-Technik, dpa, Genios usw.) sind üblicherweise über das Datex-P-Netz der Telekom zu erreichen. Dieses spezielle, für die Datenübertragung geschaffene Netzwerk ist, wenn Sie direkt daran angeschlossen werden wollen, sehr teuer. Es gibt aber praktisch in jeder größeren Stadt die Möglichkeit, sich per Modem in dieses Netz einzuwählen oder es per Datex-J, dem ehemaligen Btx, anzusprechen und damit auch dessen Dienste zu nutzen. Wie das geht und welche Formulare ggf. auszufüllen sind, erfahren Sie in ihrem Telefonladen. Natürlich bieten kommerzielle Datenbanken Ihre Dienste nicht kostenlos an, aber wer für seine Branche spezifische Informationen benötigt, kann sich diese dann per DFÜ auf seinen eigenen PC-Schirm holen.

Einige Datenbanken wie z.B. Medline oder die Washingtoner Congress Library sind übrigens auch gegen entsprechende Zusatzgebühren über den On-line-Dienst Compuserve erreichbar und es werden fast monatlich mehr.

1.4.5 Die Macht der Information

Jeder, für den aktuelle Informationen und schneller Zugriff auf Daten beruflich oder privat wichtig ist, kann also von den Möglichkeiten der DFÜ profitieren. Gerade in Zeiten härter werdender Konkurrenzkämpfe nicht nur zwischen Firmen sondern auch am Arbeitsplatz kann ein Informationsvorsprung bares Geld wert sein.

Ein Paradebeispiel für die Macht der elektronischen Kommunikation stellt die Ende 1994 bekanntgewordene Affäre um einen Hardwarefehler im Pentium-Prozessor von Intel dar. Diese Information verbreitete sich zunächst über das Internet wie ein Lauffeuer, Nutzer anderer Computernetze griffen das Thema auf und erst dann reagierten das Fernsehen und die Printmedien. In erster Linie war es aber der Druck der zig tausend Computernutzer in den Datennetzen, der Intel schließlich dazu zwang, einen generellen kostenlosen Austausch des fehlerhaften Prozessors anzubieten.

Und noch ein Beispiel, daß auch die Politik den Nutzen der Datenkommunikation erkennt: In den USA hat das Weiße Haus in allen wichtigen Online-Diensten seine "Außenstelle". Dort können sich die US-Bürger zu wichtigen politischen Fragen äußern, mit Politikern diskutieren und wichtige Rede- und Gesetzestexte (z.B. auch den kompletten Wortlaut der umstritten Gesundheitsreform) online abrufen. Erste Ansätze in dieser Richtung gibt es auch in der Bundesrepublik, aber sie laufen derzeit noch eher als Einbahnstraße.

2 Hardware

In diesem Kapitel werden zunächst die technischen Hintergründe der Datenverarbeitung und der Datenkommunikation erläutert um Ihnen das nötige Hintergrundwissen für den Kauf der notwendigen Hardware zu geben. Im Interesse der allgemeinen Verständlichkeit wird dabei auf allzuviel „Fachchinesisch" verzichtet und soweit zulässig Vereinfachungen in der Darstellung gewählt. Denn dieses Buch richtet sich nicht an den PC-Freak, der seinen Rechner in- und auswendig kennt, sondern soll möglichst vielen PC-Besitzern den Weg zum Datenhighway ebnen.

2.1 Wie kommen die Daten auf die Leitung?

Genaugenommen ist jeder Computer ein ziemlich armseliger Geselle: Er unterscheidet lediglich zwei Zahlen, Eins und Null, mit denen er dann allerdings unglaublich schnell rechnen kann. Jedes Dokument Ihrer Textverarbeitung, die Zahlen der Tabellenkalkulation, ja die Anwenderprogramme selbst - alles besteht im Grunde genommen nur aus einer unglaublich großen Abfolge von Nullen und Einsen. Diese kleinste Einheit der Datenverarbeitung wird als Bit bezeichnet. Um Buchstaben und Zahlen darzustellen bedient man sich einer Kombination von acht Bit, diese Einheit wird als Byte bezeichnet.

Mit acht Bit, die ja jeweils zwei Zustände annehmen können, lassen sich insgesamt 256 verschiedene Zeichen darstellen. Im „American Standard Code for Information Interchange", dem ASCII-Code ist genau festgelegt, welcher Zahlenwert welchem Zeichen des Alphabetes, welcher Ziffer oder welchem Sonderzeichen entspricht. International verbindlich sind dabei aber nur 128 Zeichen (die sich mit den ersten sieben Bit eines Byte darstellen lassen), der Rest ist für Länderspezifische Sonderzeichen reserviert. Hier finden Sie also im Deutschen z.B. die Umlaute.

Es gibt übrigens noch einen anderen gebräuchlichen Code, nach dem Zeichen und Zahlenwerte verknüpft sind. Er ist nach dem Normungsgremium ANSI benannt. Diesen ANSI-Code verwendet z.B. Windows zur internen Zeichendarstellung und daher werden ASCII-Dateien, die Umlaute enthalten in Windows nicht korrekt wiedergegeben.

Doch zurück zu den Bits. Elektrisch gesehen wird so ein Bit durch elektrische Spannungen repräsentiert. Z.B. bedeutet eine Spannung von annähernd 12 V eine Eins, eine von annähernd 0 V Null. Der Trick bei der Datenfernübertragung besteht nun darin, diese Abfolge von Einsen und Nullen von einem PC zu einem anderen zu übertragen.

Scheinbar ist das gar nicht so schwer, wenn man z.B. die beiden Rechner mit zwei Drähten verbindet: Liegt am Ausgang des einen PC eine Eins an, so wird der Eingang des zweiten - bei entsprechender Auslegung der Schaltung - ebenfalls eine Eins an seinem Eingang erkennen, da ja die gleiche Spannung dort anliegt.

Das funktioniert bei langsamen Datenströmen oder relativ kurzen Entfernungen tatsächlich und wird auch praktisch genutzt, um z.B. ein Notebook und einen Desktop-PC unmittelbar miteinander zu verbinden. Doch bei der Übertragung schneller Datenströme (viele Nullen und Einsen hintereinander) über lange Entfernungen, sorgen die Gesetze der Physik für Probleme.

Stellt man eine beliebige Abfolge von Nullen und Einsen als Funktion der Spannung über die Zeit dar, so erhält man eine Rechteckschwingung mit unterschiedlich langen Perioden. Vom Spannungswert Null springt die Funktion idealerweise beliebig schnell auf den Wert für Eins. Ein solcher Sprung ist aber nach den Regeln von Fourier als Überlagerung vieler einzelner Sinusschwingungen mit jeweils steigender Frequenz darzustellen: Je steiler der Sprung, um so höher die darin „enthaltenen" Frequenzen. Wird nun ein solcher Sprung über eine lange Leitung geschickt, so dämpft diese die höheren Schwingungsanteile stärker, als die niederfrequenten. Die Folge: Der Impuls wird flacher, die Flanke erreicht bei schneller Abfolge der Daten womöglich gar nicht mehr den Wert, der noch sicher als Eins erkannt wird.

Deswegen hat man sich schon früh eines Tricks bedient, um Daten über die normale Telefonleitung übertragen zu können. So eine Leitung ist zwar in extremem Maße in ihrer Bandbreite begrenzt, da für das Sprachsignal der Frequenzbereich von 100 Hz bis zu wenigen kHz vollkommen ausreicht. Aber es geht doch. Man ersetzt im Prinzip die Nullen und Einsen, wie sie der Computer als Spannungsstufen liefert, durch zwei unterschiedlich hohe Töne. Beispielsweise könnte für eine Eins ein Ton von 3000 Hz, für eine Null einer von 100 Hz über die Telefonleitung geschickt werden.

Diese Töne werden im Rhythmus der Bitfolgen am Sender umgeschaltet, und eine geeignete Empfangsschaltung am Ende der Übertragungsstrecke setzt das ganze wieder in eine entsprechende Bitfolge um. Dazwischen sind Sie für das Telefonnetz, die Vermittlungsstellen und Zwischenverstärker nicht von normalen Sprachsignalen zu unterscheiden. Zu diesem Vorgang der Umsetzung sagt man auch: Ein Trägersignal wird mit der Bitfolge moduliert, übertragen und am Ende wieder demoduliert. Aus den Bezeichnungen Modulator für den Sender und Demodulator für den Empfänger wurde dann ein Kunstwort gebildet: Modem. Und genau so ein Modem benötigen Sie, um Datenkommunikation zu betreiben.

Heute werden übrigens wesentlich komplexere Modulationsverfahren als diese einfache Frequenzumschaltung verwendet, um möglichst viele Informationen gleichzeitig über die Telefonleitung zu übertragen. Doch die Theorie dieser Verfahren ist für das grundsätzliche Verständnis der Funktion eines Modems nicht weiter wichtig.

Auch die Verfahren, mit denen eine beliebige Bitfolge für die Übertragung aufbereitet wird, interessieren nur am Rande. Nehmen wir z.B. an, daß eine Abfolge von mehreren Nullen bzw. Einsen zu übertragen wäre. Diese Folge wäre ohne besondere Maßnahmen nur sehr schwer auseinanderzuhalten. Deswegen werden die Daten im Modem auch noch so aufbereitet, daß in jedem Fall eine sichere Erkennung der richtigen Werte möglich ist.

Die verschiedenen Modulations- und Codierungsverfahren sind in einigen Standards festgeschrieben. Nur Modems, die „die gleiche Sprache sprechen" können sich miteinander verständigen. Da diese Standards eng mit der jeweiligen Übertragungsgeschwindigkeit verbunden sind, gehen wir etwas später darauf noch detaillierter ein.

Das mit den Tönen hat eine interessante historische Komponente: In den Anfangstagen der DFÜ kamen als Modem vor allem sogenannte Akustikkoppler zum Einsatz. Das waren kleine Kästen mit je einem eingebauten Lautsprecher und Mikrophon, auf die dann ein Telefonhörer aufgelegt wurde. Der Lautsprecher sendete das modulierte Signal akustisch an den Telefonhörer und die empfangenen Datenströme wurden umgekehrt mit dem Mikrophon aufgenommen. Diese Lösung hatte den Vorteil, daß sie keinen direkten Zugang zur Telefonleitung benötigte. Wegen der einst sehr restriktiven Haltung der Deutschen Bundespost bezüglich fest anzuschließender Modems war das noch vor wenigen Jahren ein ganz wichtiger Punkt. Der Nachteil: Umgebungsgeräusche störten die Datenübertragung und die mehrfache Signalwandlung begrenzte den Datenstrom zusätzlich. 300 bps waren der Standard, mehr als 2400 bps kaum sicher zu übertragen.

Mit dem Fortschritt der Mikroelektronik und einer offeneren Politik der Postbehörden haben sich heute Modems durchgesetzt, die direkt mit der Telefonleitung verbunden werden. Damit ist eine wesentlich sicherere Datenübertragung möglich geworden; bis hin zum 10- bis 60-fachen dessen, was an Datenraten beim Akustikkoppler üblich war.

Noch sicherer ist natürlich die Datenübertragung über speziell dazu vorgesehene Leitungen und Dienste wie z.B. Datex-P oder ISDN. Aber einen teuren Datex-P-Zugang werden Sie für Ihre ersten Schritte auf dem Datenhighway ganz gewiß nicht benötigen und im Verlauf dieses Buches erfahren Sie auch, wie Sie auf einfachen Wegen Datex-P-Dienste mit einem normalen Modem nutzen können. ISDN ist zumindest in den Bereichen, um die es in diesem Buch geht, ebenfalls nicht unbedingt erforderlich, wird aber am Schluß des 4. Kapitels kurz beschrieben. Da ISDN ein komplett digitalisierter Dienst ist, gibt es dort übrigens keine Modems mehr, sondern nur noch sogenannte ISDN-Adapter, die für eine richtige Umsetzung der digitalen Computerdaten auf die digitale Leitung sorgen.

2.2 Übersicht über verschiedene Modemklassen

Um Sie bei der Auswahl und beim Kauf eines Modems zu unterstützen, sollen im Folgenden zunächst einige technische Details dieser Geräte erklärt werden. Sie können dann besser abschätzen, was die Datenangaben des jeweiligen Modem-Herstellers für eine Aussagekraft haben und beurteilen, welches Gerät für Sie das geeignete ist.

2.2.1 Geschwindigkeit ist keine Hexerei....

In den Anfangstagen der DFÜ war die Übertragungsgeschwindigkeit aus den bereits beschriebenen Gründen, meist sehr niedrig - die Datenautobahn eher ein gemütlicher Fußweg. Doch wie wird die Geschwindigkeit der Datenübertragung überhaupt gemessen. Dafür gibt es gleich zwei Maßeinheiten, die zwar oft verwechselt werden, aber doch etwas anderes bedeuten: Baud und bps.

Ohne näher in die Details gehen zu wollen, sollen beide Einheiten kurz erläutert werden. Mit der Maßeinheit bps, das steht für „Bit pro Sekunde", wird der effektive Datendurchsatz bei einer Datenkommunikation beschrieben. Der Wert gibt schlicht an, wieviel Bit, also Einsen und Nullen, pro Sekunde über die Leitung „geschoben" werden können und dann am Empfänger ankommen.

Dagegen wird in der Maßeinheit Baud angegeben, wieviel Signale pro Sekunde über die Leitung gehen, sie gibt die Schrittgeschwindigkeit an, mit der von einem Übertragungsschritt zum nächsten weitergeschaltet wird. Über eine normalen Telefonleitung lassen sich in der Praxis kaum mehr als 3000 Baud übertragen.

Doch wie kommen dann die hohen Datenraten der High-Speed-Modems zustande? Als der Standard der Datenübertragung noch bei 300 Baud lag, da war es in der Tat möglich, damit auch 300 bps zu übertragen: ein Bit pro Schritt. Mit Einführung höherer Datenraten ersannen die Ingenieure andere Verfahren, die Bit auf die Signale aufzumodulieren, so daß es möglich war, zwei, drei, vier oder gar sechs und mehr Bit pro Zeiteinheit zu übertragen.

Gebräuchlich ist heute daher bps als Maßeinheit für die Übertragungsgeschwindigkeit, wobei die Multiplikatoren Kilo (k) und Mega (M) für entsprechend hohe Werte gebräuchlich sind. Wenn Sie aber die Bezeichnung „Baudrate" in vielen Handbüchern und Terminalprogrammen finden, meint sie immer die Datenrate in bps.

Zurück zur Historie: 300 bps waren zu Zeiten der Akustikkoppler für viele Anwender das höchste der Gefühle. Die mit manchen hochwertigen Geräten unter optimalen Bedingungen erreichbaren 1200 oder 2400 bps galten als schnell. Bei heutigen Modems sind natürlich auch diese Übertragungsraten noch möglich, aber 2400 bps gilt als absolutes Minimum des Zumutbaren. Als Standardwert hat sich mittlerweile 9600 bps herausgestellt - obwohl fast alle PC gelegentlich Probleme haben, diese Datenmengen schnell genug zu verarbeiten, wie wir später noch sehen werden. Als High-Speed-Modems werden Modelle mit 14,4 oder neuerdings sogar 28,8 kbps bezeichnet. Letzterer Wert ist nach Meinung von Fachleuten übrigens auch die auf normalen Telefonleitungen erreichbare Maximalgeschwindigkeit.

Auf einfachen ISDN-Leitungen lassen sich zum Vergleich 2 mal 64 kbps übertragen und mit modernen Verfahren (Asynchron Transfer Modus - ATM) sind sogar mehrere Mbps keine Utopie mehr.

2.2.2 Durchblick im Normendschungel

Nun folgt ein etwas trockener Abschnitt, denn es geht um die verschiedenen Übertragungsnormen, die sich in der Geschichte der DFÜ für Modems herausgebildet haben und zum Teil festgeschriebene internationale Standards geworden sind. Nach anfänglichen nationalen Alleingängen - die USA als „Mutterland" der DFÜ sind da natürlich vorausgeprescht - ergab sich schnell der Zwang zur internationalen Normung. Dafür ist eine Organisation zuständig, die auf den Namen „Comité Consultatif International Télégraphique et Téléphonique", abgekürzt CCITT, hört. Mittlerweile wurde dieses Gremium umbenannt und trägt den nicht weniger klangvollen Namen „International Telecommunications Union, Telecommunications Standards Section", kurz ITU/TSS.

2.2.2.1 Am Anfang waren die Bells

In den 60er Jahren etablierte sich in den USA ein Modem der Firma Bell als quasi-Standard, daß die damals beeindruckende Datenrate von 300 bps erlaubte. Es war Grundlage für die Bell-Norm 103, die für genau diese Geschwindigkeit das Übertragungsverfahren festlegte. Als dann schnellere Übertragungen möglich wurden, erfüllte die Bell-Norm 212A dasselbe für 1200 bps.

Im internationalen Datenverkehr wurden für die gleichen Geschwindigkeiten die CCITT-Normen V.21 und V.22 geschaffen, die allerdings zu den entsprechenden amerikanischen Varianten inkompatibel sind. Da Datenübertragungen in diesen niedrigen Geschwindigkeiten heute aber praktisch keine Rolle mehr spielen, wird Sie dieses Problem wohl kaum jemals betreffen.

Sollten Sie dennoch einmal mit diesen Datenraten einen Partner in den USA anrufen, so sollten Sie vorher sicherstellen, daß dieser sein US-Modem auf die CCITT-Standards umstellt, was in den meisten Fällen möglich ist.

2.2.2.2 Ein erster Weltstandard

Mit der Verabschiedung der Übertragungsnorm V.22bis durch das CCITT war ein erster echter Weltstandard geschaffen. Er legt das Übertragungsverfahren für eine Kommunikation mit 2400 bps fest, wobei auch die Möglichkeit einer Übertragung mit 1200 bps eingeschlossen ist. (Allerdings nach einem anderen Standard als V.22) Lange Zeit stellte diese Modemklasse die mit Abstand am weitesten verbreitete Variante dar, wird allerdings in den letzten Jahren zunehmend von schnelleren Geräten abgelöst.

2.2.2.3 V.23 Schnell hin, langsam zurück

Die „krumme" Numerierung des Standards V.22bis war erforderlich, weil zur damaligen Zeit die Norm V.23 bereits fertig war. Sie definierte für die beiden Richtungen der Datenübertragung unterschiedliche Geschwindigkeiten und war als Billiglösung für Anwendungen wie z.B. Btx gedacht, wo zwar große Datenmengen von einem Zentralrechner zum Teilnehmer geschickt werden, von diesem aber nur wenige Daten zurückkommen. Somit konnte der Sendeteil des Teilnehmermodems wesentlich einfacher und damit billiger gestaltet werden, als dies bei hohen Datenraten möglich gewesen wäre. Die Datenraten die in V.23 geregelt werden sind 1200/75 bps und 600/75 bps, jeweils die schnellere Geschwindigkeit im sogenannten Hinkanal vom Zentralrechner zum Teilnehmer.

2.2.2.4 Der Sprung zu V.42

Die nächste, wichtige Norm des CCITT ist die V.42. Sie definiert ein Verfahren zur Fehlerkontrolle bei der Datenübertragung. Dies ist ein wichtiger Punkt, um negative Effekte von Leitungsstörungen zu vermeiden und Datenverluste zu unterbinden. Ohne auf die Details eingehen zu wollen, schließt die V.42 Norm die bis dahin von einer Herstellerfirma entwickelten Fehlerkorrekturverfahren MNP1 bis MNP4 ein. Die Fehlerkontrolle kann natürlich nur funktionieren, wenn beide an der Kommunikation beteiligten Modems diese Verfahren beherrschen.

Es gibt übrigens auch noch die Verfahren MNP5 bis MNP10, wobei allerdings nur MNP5 wirklich breite Bedeutung erlangte: Es definiert ein Übertragungsverfahren, das neben der Fehlerkontrolle auch eine Datenkompression beinhaltet und so den Datendurchsatz um ca. 100 % steigern kann.

2.2.2.5 CCITT macht den Daten Druck

Auch das CCITT verabschiedete eine Norm, die Datenkompression und Fehlerkontrolle vereinigt, im Gegensatz zu MNP5 aber sogar auf bis zu 400 % Steigerung des Datendurchsatzes kommt: V.42bis. Damit war es möglich geworden, auf einer 2400 bps-Verbindung Daten mit effektiv 9600 bps zu übertragen. Eine wesentliche Verbesserung auf dem Weg zum High-Speed-Modem.

2.2.2.6 Expreßdienst - die Normen für High-Speed-Modems

Mit 2400 bps war die Gemeinschaft der Datenreisenden lange Jahre zufrieden, nicht zuletzt dank der entwickelten Kompressionsverfahren. Als es daran ging, diese Grenze zu durchbrechen, waren es zunächst wieder einzelne Firmen, die mit ihren Übertragungsverfahren quasi-Standards setzten, wie z.B. die US-Firma US-Robotics. Während sich so eine Fülle von zueinander meist inkompatiblen Standards am Markt tummelte, entwickelte das CCITT seine Norm für die Datenübertragung mit 9600 bps im Vollduplex-Betrieb (also in beiden Richtungen), die wie die Vorgängernormen auch, ein Zurückfallen auf 4800 bps bei schlechter Verbindung einschloß. Diese Norm hört auf den Name V.32.

Schon bald folgte die Norm V.32bis, die maximal 14400 bps vorsieht und ein zurückfallen auf bis auf 7200 bps zuläßt. Diese Normen haben sich mittlerweile soweit etabliert, daß praktisch jedes Modem zumindest in der Lage ist V.32 und V.32bis zu benutzen, auch wenn die herstellereigenen Verfahren noch zusätzlich implementiert sind. Tabelle 1 gibt eine Übersicht über die verschiedenen relevanten Standards.

2.2.2.7 Bitte Faxen...

Die Übertragungsverfahren für den Telefaxverkehr sind natürlich auch vom CCITT geregelt und standardisiert worden, doch leider wiederum von denen für die Datenübertragung vollkommen verschieden. Deswegen war es z.B. auch eine ganze Zeit lang üblich, daß kombinierte Daten/Fax-Modems zwar mit 9600 bps faxen, aber lediglich mit 2400 bis/s Daten übertragen konnten. Mit der neuen Generation der 14400 bps-Modems hat sich dieses Szenario aber gewandelt. Der Vollständigkeit halber hier eine Aufzählung der wichtigsten Standards für den Fax-Verkehr mit Faxgeräten der Gruppe 3 (Heute der Standard): V.27ter, V.29, V.17, T.4 und T.30.

Tabelle 1: Übersicht über die wichtigsten Normen der DFÜ

Norm	Regelt Datenübertragung mit
Bell 103, 212A	300 bps bzw. 1200 bps
V.21, V.22	300 bps bzw. 1200 bps, zu Bell inkompatibel
V.22bis	2400 bps, Rückfall auf 1200 bps zu V.22 inkompatibel
V.23	1200/75 bps und 600/75 bps jeweils Hin-/Rückkanal
MNP1-4	verschiedene Verfahren zur Fehlerkorrektur
MNP5	Fehlerkorrektur und Kompression bis 1:2
V.42	Fehlerkorrektur, abwärtskompatibel zu MNP1-4
V.42bis	Fehlerkorrektur und Kompression bis 1:4
V.32, V.32bis	9600 bps bzw. 14400 bps mit Rückfall auf niedrigere Stufen
V.34	28800 bps mit Rückfall auf niedrigere Stufen

2.2.2.8 Wie geht es weiter?

Einzelne Hersteller haben auch schon Verfahren für noch schnellere Datenraten entwickelt und vermarkten diese z.B. unter der Bezeichnung V.fast. Im September 1994 hat die ITU/TSS (der CCITT-Nachfolger) die Norm V.34 fertiggestellt, die Übertragungen bis 28800 bps endgültig regelt, und die wiederum zu den herstellereigenen Standards inkompatibel ist. Erste Modems in dieser neuen Norm waren zum Jahreswechsel 94/95 bereits auf dem Markt, doch der Schwerpunkt des Geschäftes mit den Modems liegt derzeit im Bereich der V.32/V.32bis-fähigen High-Speed-Geräte, die mittlerweile ein sehr attraktives Preisniveau erreicht haben. Das leitet fast nahtlos zu der Frage über, die Sie nach diesen vielen Fakten nun sicherlich besonders interessiert: „Welches Modem soll ich mir kaufen?"

2.2.3 Die Qual der Wahl...

Nach diesen technischen Vorbemerkungen haben Sie jetzt das Problem, ein für Sie geeignetes Modem auszusuchen. Dabei entscheidet natürlich neben der Leistungsfähigkeit des gewünschten Gerätes auch der Geldbeutel, denn wie bei so vielen Dingen ist auch bei Modems die Preisskala nach oben hin ziemlich offen.

2.2.3.1 Big Brother is watching....

Eines aber sollten Sie auf gar keinen Fall tun: Sich ein Modem kaufen, dem der Segen der obersten Telekom-Genehmigungsbehörde, dem „Bundesamt für Zulassungen in der Telekommuinkation", kurz BZT, fehlt. „Postzugelassen" sollte ihr Modem also mindestens sein, und erkennen können Sie das an einem Aufkleber mit dem Bundesadler und einer amtlichen Prüfnummer, der irgendwo auf dem Gerät vorhanden sein muß. Bei den stark gesunkenen Preisen für leistungsfähige Modems, lohnt es sich einfach nicht, das Risiko einzugehen und mit nicht zugelassenen Geräten zu arbeiten. Das nämlich ist ein Verstoß gegen das Fernmeldeanlagengesetz und wird bestraft (wenn man sich erwischen läßt).

2.2.3.2 Fax oder nicht fax, das ist die Frage....

Genaugenommen ist es eigentlich gar keine Frage, denn fast jedes Modem das heute auf den Markt kommt, ist auch in der Lage, Telefaxe zu verschicken. Auf diese Möglichkeit sollte man also auf gar keinen Fall verzichten, auch wenn Sie bisher der Meinung waren sie nicht zu brauchen. Es ist einfach bequem, den am PC geschriebenen Text direkt, ohne Umweg über Drucker und Faxgerät, an einen Empfänger zu versenden.

Ob Sie dagegen die Möglichkeit des Fax-Empfanges benötigen, müssen Sie sich überlegen. Denn nicht alle Modems, die Faxe senden können, sind auch in der Lage, welche zu empfangen. Allerdings macht der Preisunterschied heute oft nicht einmal mehr 50 DM aus, also was soll's?

2.2.3.3 Wie schnell darf es sein?

Nächster Entscheidungspunkt: Die Übertragungsgeschwindigkeit und die verwendete Übertragungsnorm. Da heißt es aufpassen. Nicht jedes Modem, das mit 9600 bps faxen kann, kann auch mit dieser Geschwindigkeit Daten übertragen. Das hängt mit dem für das Faxen zuständigen Protokoll und einer damit verbunden Datenkomprimierung zusammen. Wenn Sie nicht extrem sparsam sein müssen, dann sollten Sie mindestens ein echtes 9600 bps-Modem kaufen, das also auch bei der Datenübertragung diesen Wert erreicht. Das Gerät sollte also mindestens den Standard V.32 erfüllen, wobei das auszuwählende Gerät auch die Normen V.21 bis V.23, V.42 und die MNP-Stufen 1 bis 5 anwenden können sollte.

Allerdings ist der Preisunterschied zu 14,4 kbps-Modems, also der Norm V.32bis, heute auch nicht mehr die Welt und die Möglichkeiten, diese Geschwindigkeit wirklich zu nutzen, steigen fast täglich. Die meisten am Markt verfügbaren High-Speed-Modems erfüllen ohnehin sowohl V.32 als auch V.32bis, da die zusätzlichen Bausteine für die schnellere Norm kaum zu einem Preisunterschied führen. Lediglich 28,8 kbps (V.34)-Modems sind zumindest heute noch Exoten, aber es ist abzusehen, daß sich das schon in wenigen Jahren ändern wird.

2.2.3.4 Intern oder Extern...

Es gibt zwei grundsätzlich unterschiedliche Bauformen bei Modems. Solche, die fest in einen Steckplatz des PC eingebaut werden, und solche, die mit einem Kabel extern an die serielle Schnittstelle angeschlossen werden. Was Sie wählen ist natürlich in erster Linie Geschmackssache. Ein externes Modem ist ein zusätzlicher Kasten auf dem Schreibtisch, der zudem eine weitere Netzsteckdose belegt, da das externe Modem seine eigene Stromversorgung benötigt. Im Gegenzug haben Sie über eine ganze Reihe von Kontrollämpchen, die ein solches Modem besitzt, einen recht guten Überblick darüber, mit welchen Aktivitäten das Gerät gerade beschäftigt ist. Das kann vor allem bei Problemen und sogenannten „Hängern" eine wertvolle Hilfe sein. Außerdem läßt sich ein solches Gerät auch einmal schnell an einen anderen PC anschließen, und ist damit etwas flexibler einsetzbar als ein internes Modem.

Das interne Modem hingegen belegt einen der Erweiterungssteckplätze des PC und wird von diesem mit dem nötigen Arbeitsstrom versorgt. Es ist zwar etwas schwieriger, ein solches Modem einzubauen, als ein externes Modem anzuschließen, dafür entfällt aber der zusätzliche Verkabelungsaufwand auf dem Schreibtisch.

Wie gesagt, was Sie wählen ist in erster Linie Geschmackssache und natürlich eine Frage des Preises. Gleichwertige interne Modems sind meist etwas billiger, als die externen „Kollegen", da ja das Gehäuse und die Netzstromversorgung zusätzliche Kosten bei der Herstellung verursachen.

2.2.2.5 Wie sag ich's meinem Modem? - die Befehlssprache

Auf den ersten Blick ist die Sache mit dem Befehlssatz beim Modem gar nicht so kompliziert, hat doch der Modem-Hersteller Hayes mit seinen sogenannten AT-Befehlen einen Standard geschaffen, der heute von vielen Modem-Herstellern genutzt wird.

Achten Sie beim Kauf eines Modems also darauf, daß diese Hayes-Kompatibilität gegeben ist. Das kann Ihnen im Umgang mit dem ungewohnten Medium viel Ärger ersparen. Allerdings hat die Sache einen Haken: Es gibt einen weitgehend vereinheitlichten Grundbefehlssatz, der nur die wichtigsten Funktionen steuert. Daneben sorgen die erweiterten Befehle für alle Aufgaben, die z.B. mit Datenkompression und Korrekturverfahren zu tun haben. Bei diesen erweiterten Befehlen ist es leider mit der Standardisierung noch nicht so weit her. Und dennoch: Mit einem Hayes-kompatiblen Modem werden Sie bei allen gängigen Anwendungen die wenigsten Probleme haben.

Es gibt übrigens noch einen anderen Befehlssatz, der z.B. bei Modems für Datex-P-Leitungen verwendet wird: Er heißt V.25bis und wurde von der CCITT festgelegt. Vor allem ältere Postmodems arbeiten nach diesem Befehlssatz, der allerdings kaum für die Konfiguration des Modems ausgelegt ist. Hier hat der Hayes-Standard eindeutig Vorteile.

2.2.3 Ein Ungetüm macht Karriere: PCMCIA

Als Besitzer oder potentieller Käufer eines Notebook-Computers werden Sie fast zwangsläufig auf die Abkürzung PCMCIA stoßen. Bei dieser spröden Buchstabenkombination handelt es sich um ein Akronym, zusammengesetzt aus den Anfangsbuchstaben von „Personal Computer Memory Card Interface Association". Das ist eine Vereinigung, die es sich zur Aufgabe gemacht hat, Anschlüsse für Speicherkarten zu vereinheitlichen.

Zugegeben, die Liebe der Amerikaner zu Akronymen hat schon schönere Schöpfungen hervorgebracht, und der Chef des Mikroprozessorherstellers Intel, Andy Grove, übersetzte PCMCIA jüngst ironisch als „People can't memorize Computer Industries Acronyms". Daß PCMCIA ein Erfolg wurde, hängt aber auch weniger mit dem Namen, als vielmehr mit einem überzeugenden technischen Konzept zusammen. Es wurde nämlich eine Norm definiert, die es erlaubt, an Notebook-Computer fast beliebige Erweiterungen in einen vereinheitlichten Steckplatz einzustecken.

Dazu gehören natürlich Speicherkarten, miniaturisierte Festplatten, Netzwerkadapter und - und da wird die Sache interessant - auch Modems. Diese Karten sind kaum größer, als die gewöhnliche Scheckkarte und können in drei verschiedenen Bauhöhen (bezeichnet als I, II und III) hergestellt werden. Ein heute üblicher PC-Steckplatz für diese Karten kann bis zu zwei Stück in der Dicke II oder eine Karte der Dicke III aufnehmen.

Dank der Miniaturisierung in der Mikroelektronik gibt es heute schon erschwingliche High-Speed-Fax-Modems für diesen PCMCIA-Steckplatz, so daß auch einer mobilen Datenübertragung nichts im Wege steht. Denn wer schleppt schon gerne ein großes Tischmodem samt Netzteil mit auf Reisen?

Besonders interessant wird diese Variante der mobilen Datenkommunikation übrigens mit einem Mobiltelefon der digitalen D-Netze, dann brauchen Sie noch nicht einmal nach einer freien Telefonsteckdose Ausschau zu halten, die in deutschen Hotels leider wesentlich seltener anzutreffen sind, als z.B. in den USA.

Im übrigen gelten natürlich für die technischen Eigenschaften eines PCMCIA-Modems die gleichen Aussagen, wie für die „normalen" Modems. lediglich der Einbau ist wesentlich einfacher, da es lediglich in den entsprechenden Steckplatz eingeführt und über das mitgelieferte Kabel mit der Telefonsteckdose verbunden wird. Sinngemäß gilt dann auch dort das gleiche, was im folgenden Abschnitt für die „normalen" Modems näher ausgeführt wird.

2.3 Anschluß bzw. Einbau eines Modems

Je nachdem, ob Sie sich für ein externes oder ein internes Modem entschieden haben, müssen Sie jetzt dieses an Ihren PC anschließen bzw. denselben öffnen und das Modem einbauen. Die beiden unterschiedlichen Arbeitsgänge werden im Folgenden beschrieben, wobei kleinere Ausflüge in die Interna des PC nicht ausbleiben können. Sie sind nicht nur zum Verständnis der Kommunikation zwischen PC und Modem erforderlich, sie helfen auch, evtl. auftretende Probleme besser zu verstehen und zu beheben.

2.3.1 Exkurs in das Innenleben des PC

Eigentlich hat sich am PC seit seiner Einführung vor nunmehr 13 Jahren nicht viel verändert. Die Geräte sind zwar schneller geworden, die Prozessoren leistungsfähiger und die interne Struktur hat sich dieser Entwicklung geringfügig angepaßt, aber ansonsten ist auch der Pentium-PC von 1995 von seinem Urahn nicht gar so weit entfernt.

In dem mehr oder weniger schmucken Blechgehäuse sitzt eine große Hauptplatine, das Motherboard, auf dem der Mikroprozessor, der Speicher, verschiedene andere Bausteine und vor allem eine Reihe langer Steckerleisten untergebracht sind, an denen der komplette interne Datenfluß des Computers zugänglich ist. Diese Steckerleisten, die auch als „Bus" bezeichnet werden, haben nicht unwesentlich zum Siegeszug des PC beigetragen, denn sie ermöglichen es, je nach Wunsch Komponenten zum System hinzuzufügen. So werden dort z.B. Steckkarten eingesetzt, die für die Grafikausgabe auf dem Bildschirm sorgen, andere wiederum übernehmen die Verbindung zu den Festplatten- und Diskettenlaufwerken und wiederum andere die Verbindung zur Außenwelt: Sie stellen die Schnittstellen des PC bereit.

Es gibt übrigens mittlerweile mehrere verschiedene Varianten dieser Steckerleisten, deren unterschiedliche mechanische und elektrische Eigenschaften mit dem verwendeten Buskonzept des PC zusammenhängen. Darunter versteht man, vereinfacht gesprochen, die Art und Weise, wie der interne Datenfluß im Rechner geregelt wird und wie der Prozessor seine peripheren Bausteine ansprechen kann. Neben dem aus den Anfangstagen des PC stammenden ISA-Bus, der sowohl acht, als auch 16 Bit breite Datenleitungen besitzt sind heute in großem Stil vor allem Steckplätze für den VESA-Local-Bus und den PCI-Bus gebräuchlich. Diese unterstützen Datenleitungen von 32 Bit Breite. Es soll hier nicht näher darauf eingegangen werden, worin sich diese Busse unterscheiden, denn die für den Betrieb des Modems notwendigen Komponenten werden in jedem Fall am ISA-Bus angeschlossen. Und dafür ist garantiert in jedem heute verkauften PC noch ein freier Steckplatz zu finden.

2.3.1.1 Anschlußfreudig: Die Schnittstellen des PC

Wenn Sie sich die Rückseite des PC anschauen, so finden Sie dort mehrere senkrechte Schlitze, die durch Blechklappen verschlossen sind. Hinter diesen Schlitzen - auf Neudeutsch aus Slots genannt - befinden sich die Steckplätze für die Erweiterungskarten. Und meistens finden sich in einigen dieser Bleche irgendwelche Anschlußbuchsen, z.B. für die Grafikkarte. Weitere Anschlüsse - entweder auch auf solchen Blechklappen oder in der Computerrückwand - sind z.B. mit Bezeichnungen wie „COM1", „LPT" oder „Printer" gekennzeichnet. Von diesen interessieren uns im Moment nur die COM-Anschlüsse, von denen mindestens einer, vielleicht auch zwei, vorhanden sein müßten.

Wenn die Anschlüsse nicht bezeichnet sind, so erkennen Sie den Unterschied zwischen COM (für Kommunikation, auch als serielle Schnittstelle bezeichnet) und LPT (für den Druckeranschluß, auch als parallele Schnittstelle bezeichnet) an der Art des Anschlusses: Der LPT-Port ist als Buchse ausgeführt, während an den COM-Ports eine Doppelreihe von Steckerstiften hervorsteht. Die Bezeichnung seriell weist darauf hin, daß die einzelnen Bits eines Bytes hier nacheinander über lediglich zwei Leitungen übertragen werden, während an der parallelen Schnittstelle alle acht Bit eines Byte gleichzeitig übertragen werden.

Von diesen COM-Ports sind heute in der Regel zwei in einem PC vorhanden, die als COM1 bzw. COM2 bezeichnet werden. Meistens ist an der Schnittstelle COM1 die Maus angeschlossen, die ja heute praktisch zur Standardausrüstung des PC gehört. In diesem Fall bleibt dann der Anschluß COM2 für das Modem übrig.

Sollte an Ihrem PC allerdings nur ein einzelner COM-Port vorhanden und dieser bereits durch die Maus belegt sein, dann müßten Sie entweder auf ein internes Modem ausweichen, oder aber zunächst den zweiten COM-Port nachrüsten. Wie das geschieht, wird später beschrieben. Vorher müssen wir uns noch ein wenig mit den Mechanismen auseinandersetzen, die im Computer dafür sorgen, daß die Schnittstellen überhaupt funktionieren können, bzw. die daran Schuld sind, wenn manchmal etwas nicht funktioniert.

2.3.1.2 Unterbrechungen müssen sein: Der Interrupt

Wenn die CPU, also der Mikroprozessor im PC, ein Programm abarbeitet, dann tut sie das ohne Rücksicht auf die Umwelt. Die Entwickler haben daher einen Mechanismus entwickelt, der quasi als „Notbremse" dient und dem Prozessor signalisiert: „Hier will jemand etwas von dir". Dieser Mechanismus heißt Interrupt (engl. für Unterbrechung) und jedes externe Gerät am PC, sei es die Festplatte, die Grafikkarte oder eben ein an der seriellen Schnittstelle angeschlossenes Gerät, müssen dem Prozessor eine Interruptanforderung senden (Interrupt-Request, IRQ) damit dieser gewissermaßen alles stehen und liegen läßt und sich zunächst einmal mit dem begehrlichen Peripheriegerät beschäftigt.

Insgesamt verfügt ein moderner PC über 15 verschiedene Leitungen, über die so ein IRQ ausgelöst werden kann. Das scheint auf den ersten Blick viel, doch ein kurzer Blick auf die Belegung dieser Kanäle in Tabelle 2 zeigt, daß bereits in der Standardkonfiguration gar nicht mehr so viele freie Kanäle übrig sind.

Wenn Sie sich die Tabelle 2 genau anschauen, dann sehen Sie sofort, daß bereits zwei Interruptleitungen von Hause aus für die seriellen Schnittstellen vorgesehen sind (IRQ3 und IRQ4). Es sind genaugenommen sogar vier serielle Schnittstellen in dieser Grundkonfiguration vorgesehen, von denen sich allerdings jeweils zwei einen Interrupt teilen. Das kann u.U. beim Einbau eines internen Modems zur Problemen führen, denn woher soll der Prozessor bei zwei Geräten, die an der gleichen Leitung ihren Interrupt melden, entscheiden, welches er nun bedienen soll.

Tabelle 2: Belegung der Interrupts in einem PC

IRQ	Standardbelegung	oft verwendet für
0	Timer	
1	Tastatur	
2	EGA/VGA	
3	COM2, COM4	
4	COM1, COM3	
5	LPT2	CD-ROM, Soundkarte o. Netzwerkadapter
6	Diskettenkontroller	
7	LPT1	Soundkarte
8	Echtzeituhr	
9	frei	
10	frei	
11	frei	
12	frei	
13	Mathem. Coprozessor	
14	Hard-Disk-Kontroller	
15	frei	

Bei zwei seriellen Schnittstellen, der Standardbelegung für PC, gibt es mit Sicherheit keine Interruptprobleme, solange nicht versucht wird, ein internes

Modem zusätzlich(!) einzubauen. Dieses ist nämlich für den PC nichts anderes, als eine weitere serielle Schnittstelle, auch wenn es als Erweiterungskarte eingebaut wird. Spätestens dann wäre aber einer der beiden Interrupts doppelt belegt, sofern Sie nicht einen anderen Kanal für das Einbaumodem wählen.

Der Vollständigkeit halber sei erwähnt, daß zu jedem COM-Port auch ein kleiner Bereich des Arbeitsspeichers gehört, der gewissermaßen als „Übergabebereich" für die zu sendenden Daten genutzt wird (Tabelle 3). Dieser sogenannte Basisspeicher ist nun für alle vier vorgesehen COM-Ports verschieden und erlaubt es dem PC so, diese u. U. auch bei gleichen Interrupts zu unterscheiden. Beim Nachrüsten von COM-Ports werden Sie immer wieder auf diese Werte stoßen, die auf den entsprechenden Steckkarten vor dem Einbau einzustellen sind.

Tabelle 3: Interrupts und Basispeicher der vier COM-Ports

Schnittstelle	Portadresse(Hex)	Interrupt(IRQ)
COM1	03F8	4
COM2	03E8	3
COM3	02F8	4
COM4	02E8	3

2.3.1.3 Fix, aber oft nicht fix genug

An jeder seriellen Schnittstelle sitzt ein Chip, der für den eigentlichen Datenaustausch zuständig ist. Die ältere Ausführung dieses Bausteins hört auf die Bezeichnung UART 8250, was für „Universal Asynchronus Receiver-Transmitter" steht. Dieser Baustein sorgt z.B. dafür, daß ein Interrupt ausgelöst wird, wenn ein Byte über die serielle Schnittstelle in den Computer hineinwill. Der Prozessor reagiert auf diesen Interrupt und übernimmt das angekommene Byte um es dann sinnvoll weiterzuverarbeiten.

Dieser Mechanismus funktioniert bei langsamen Datenraten ganz passabel, denn bei einer Übertragung mit 2400 bps kommen ungefähr (2400/8=300) Byte pro Sekunde am COM-Port an. Der Prozessor wird also ca. 300 mal pro Sekunde von anderen Arbeiten abgehalten und muß sich um den COM-Port kümmern. das gelingt selbst langsamen 286er Rechnern im allgemeinen ganz passabel.

Problematisch kann es jedoch bei höheren Datenraten werden. Bei 9600 bps müssen schon 1200 Interrupts pro Sekunde bewältigt werden, bei 14400 bps gar 1800. Bei so vielen Unterbrechungen kann es schon mal vorkommen, daß der Prozessor, weil er anderweitig stark beschäftigt ist, eine solche Interruptanforderung ausläßt. Das ist ganz normal und wurde von den Konstrukteuren so vorgesehen. Wenn das passiert ist aber das gerade angekommene Byte verloren, es kommt zu Datenverlusten bei der Übertragung.

Es leuchtet ein, daß ein schnellerer und leistungsfähiger Prozessor eher mit den hohen Datenraten zurechtkommt, als ein langsamer. Aber in den komplexen grafischen Benutzerumgebungen a la Windows, wo ja auch mehrere Programme gleichzeitig aktiv sein können, ist auch für so einen fixen Chip meist genug zu tun und damit der Datenverlust vorprogrammiert.

Aus diesem Grund wurde ein neuer UART-Chip entwickelt, dessen Bezeichnung UART 16550 ist. Dieser Baustein hat genau die gleichen Aufgaben wie der 8250, aber er verfügt im Gegensatz zu diesem über einen 16 Byte großen Pufferspeicher. Das scheint auf den ersten Blick nicht viel zu sein, aber es bedeutet in der Konsequenz, daß der Chip theoretisch nur alle 16 Byte einen Interrupt auslösen muß, und das macht es dem Prozessor deutlich leichter, mit hohen Datenraten zurechtzukommen. (In der Praxis wird übrigens nicht bis zum 16. Byte gewartet, um noch eine kleine Sicherheitsreserve zu haben.)

Bevor Sie also ein High-Speed-Modem an die serielle Schnittstelle anschließen, sollten sie überprüfen, welcher UART-Chip in Ihrem PC ausgerüstet ist. Meistens ist es leider der (billigere) 8250, erst bei teuren Pentium-Rechnern wird heute standardmäßig der 16550 eingesetzt.

Schauen Sie sich also die Ausrüstung Ihrer Schnittstelle einmal an. Keine Angst, Sie brauchen dafür keinen Schraubenzieher: Das geht nämlich sehr einfach und komfortabel vom Bildschirm aus. Es gibt ein kleines Programm, das auf fast jedem MS-DOS/Windows-PC vorhanden ist, von dem aber viele Computerbesitzer gar nichts wissen. Es heißt MSD (für „Microsoft System Diagnose") und leistet in vielfältiger Hinsicht nützliche Dienste. Schalten Sie also einmal Ihren Rechner ein und geben am DOS-Prompt (Windows bitte vorher beenden) die drei Buchstaben MSD [Return] ein. Nach kurzer Zeit meldet sich das Programm mit einem Begrüßungsbildschirm und einer Funktionsübersicht.

Um Informationen über die seriellen Schnittstellen zu erhalten, geben Sie einfach den Buchstaben C ein oder klicken mit der Maus auf das Feld „COM-Ports". Nun zeigt Ihnen MSD an, wieviel Schnittstellen an Ihrem PC vorhanden sind (meist eine oder zwei) und dazu noch einige weitere Informationen, die im Moment nicht von Interesse sind. Einzig die letzte Zeile „UART Chip used" sollten Sie sich näher betrachten (Bild 2). Hier wird der Typ des Chips angegeben, der in Ihrem PC für den Datentransport von und zur seriellen Schnittstelle zuständig ist. Steht da 16550 als Nummer, so ist alles in Ordnung. Dann sind in Ihrer Schnittstelle die modernen Chips mit integriertem Pufferspeicher untergebracht. Steht allerdings dort 8250, dann hilft alles nichts, dann müssen Sie entweder auf ein internes Modem ausweichen (das bringt den schnellen Chip automatisch mit), oder Sie müssen sich eine neue Steckkarte für die seriellen Schnittstellen besorgen, die mit den 16550-Chips ausgerüstet ist. Wie Sie das machen, bzw. wie Sie unter Umständen auch nur den betreffenden Chip auswechseln, wird im Abschnitt 2.3.2 beschrieben.

```
══════════════════════════════ COM Ports ══════════════════════════════
                     COM1:       COM2:       COM3:       COM4:
                     -----       -----       -----       -----
 Port Address        03F8H       02F6H       03E8H        N/A
 Baud Rate           2400        1200        2400
 Parity              None        None        None
 Data Bits             8           7           8
 Stop Bits             1           1           1
 Carrier Detect (CD)  No          No          No
 Ring Indicator (RI)  No          No          No
 Data Set Ready (DSR) Yes         No          No
 Clear To Send (CTS)  Yes         No          No
 UART Chip Used      16550AF     8250        8250

                          OK
```

Bild 2: Der MSD zeigt drei COM-Ports an, der erste ist mit dem 16550-Chip ausgerüstet.

2.3.1.4 Kooperation oder Konflikt?

Zugegeben, diese ganze Materie ist ziemlich kompliziert, aber das Wissen darum ist notwendig, um eine reibungslose Funktion des Modems sicherzustellen. Dazu einige Beispiele, die verdeutlichen, welche Überlegungen Sie vor dem Anschluß bzw. Einbau des Modems anstellen müssen.

Ist z.B. nur eine serielle Schnittstelle vorhanden (COM1, IRQ4), dann kann in aller Regel problemlos eine zweite (COM2, IRQ3) nachgerüstet werden. Ebensogut können Sie Ihre Modem auch intern einbauen und auf COM2 konfigurieren. (Wie das geht steht im Handbuch der Modem-Steckkarte)

Haben Sie bereits zwei COM-Ports, dann können Sie ein externes Modem problemlos an COM2 anschließen. Wollen Sie aber ein internes Modem einbauen, dann müßten Sie das - um Konflikte mit dem installierten COM2 zu vermeiden auf COM3 konfigurieren. Dann würde es aber dann der gleiche Interruptkanal nutzen, wie COM1, an dem ja meist die Maus hängt. Da dieses Gerät ständig aktiv ist, wäre auch hier ein Konflikt mit dem Modem vorprogrammiert. Bleibt also nur, das Modem auf COM2 einzurichten und den vorhandenen 2. COM-Port stillzulegen oder zum COM3 zu machen.

Eingestellt werden diese Parameter entweder mit kleinen Schaltern, sogenannte DIP-Schalter oder auch "Mäuseklavier" genannt, oder aber mit Jumpern. Das sind kleine Kurzschlußbrücken, die auf Steckpfosten aufgesetzt werden und so eine leitende Verbindung herstellen. Die korrekte Schalterstellung bzw. die richtigen Jumperpositionen entnehmen Sie dem Handbuch der Schnittstellen- oder Modemkarte bzw. des Motherboards.

Bei all diesen Überlegungen müssen Sie noch zusätzlich berücksichtigen, daß Windows u.U. Probleme bekommt, wenn die zu bedienenden COM-Ports nicht aufeinanderfolgen. Sie sollten es also tunlichst unterlassen, z.B. COM1, COM2 und COM4 zu belegen, und COM3 einfach frei zu lassen. Und bei der Verwendung des Betriebssystems OS/2 wird die Sache noch komplizierter, denn das mag die gleichzeitige Benutzung der Interrupts durch zwei Schnittstellen gar nicht und erfordert bei Einsatz von COM3 und COM4 in jedem Fall jeweils eigene IRQ-Leitungen.

2.3.2 Modem sucht Anschluß

Wir wollen jetzt zunächst einmal vom einfachsten Fall ausgehen: Sie wollen ein externes High-Speed-Modem anschließen, haben zwei COM-Ports verfügbar und diese sind sogar mit dem UART16550 ausgerüstet. Als nächstes werden wir dann den Einbau eines externen Modems bei einem Rechner mit nur einem installierten COM-Port behandeln, und dann noch kurz darauf eingehen, wie sie vorhandene langsame Ports mit dem neuen UART-Chips ausrüsten bzw. weitere COM-Ports hinzufügen können.

2.3.2.1 Externes Modem anschließen

Zum Anschluß eines externen Modems benötigen Sie lediglich eine freie Netzsteckdose für die Stromversorgung und ein serielles Kabel, um das Modem mit dem PC zu verbinden. Achten Sie darauf, daß dieses Kabel an beiden Seiten mit dem richtigen Stecker ausgerüstet ist. Es gibt nämlich serielle Schnittstellen mit einem 9- bzw. mit einem 25-poligen Kontakt. Außerdem darf das Kabel kein sogenanntes „Nullmodem-Kabel" sein, denn dieses ist nur für die direkte Kopplung zweier Rechner ohne Modems gedacht.

Am Modem befindet sich stets eine 25-polige Buchse, während auf der Rechnerseite entweder ein 9- oder ein 25-poliger Stecker vorhanden ist. Entsprechende Übergangsstücke von 9- auf 25-polig sind im Computerfachhandel erhältlich. Das Vorhandensein einer Buchse und eines Steckers sorgt dafür, daß das Kabel - das ja seinerseits einseitig mit einer Kupplung, andererseits mit einem Stecker ausgerüstet ist - automatisch richtig herum angeschlossen wird.

Dieses Datenkabel sollten Sie sowohl am Modem, als auch am Rechner mit den dafür vorgesehenen Schrauben befestigen, damit es nicht herausrutschen und so zu Fehlern bei der Datenübertragung führen kann. Außerdem sollten Sie sich merken, in welche Schnittstelle Sie es am Rechner eingesteckt haben. Im Vorliegenden Fall gehen wir davon aus, daß das COM2 ist.

2.3.2.2 Lange Leitung - Bemerkungen zum Verbindungskabel

Noch eine Bemerkung zum Verbindungskabel zwischen Modem und Rechner. Egal, ob es jetzt einen 9- oder einen 25-poligen Anschluß hat, maximal besteht ein solches Kabel aus neun Leitungen. Diese sind nach dem in Tabelle 4 angegebenen Schema miteinander verbunden:

Tabelle 4: Belegung der seriellen Schnittstelle

Bez.	Pin Nr 25-polig	Pin-Nr. 9-polig	Bezeichnung
RxD	3	2	Empfangene Daten zum Rechner
RTS	4	7	Aufforderung zum Senden
CTS	5	8	Bereit zum Senden
TxD	2	3	zu sendende Daten zum Modem
DTR	20	4	Terminal bereit
DSR	6	6	Modem bereit
RI	22	9	Klingelsignal
DCD	8	1	Trägersignal
SCTE	24	-	Clock f. Synchron-Modus, nicht bei DFÜ
SCT	15	-	dito
SCR	17	-	dito
GND	7	5	Erde

Die eigentliche Datenübertragung läuft auf den Leitungen TxD und RxD (Transmit Data und Receive Data) und der Masseleitung GND. Die weiteren Verbindungen sind für Verwaltungsinformationen zuständig. RTS und CTS - „Request to send" und „Clear to Send" steuern die Kommunikation indem sie jeweils signalisieren, wann Informationen zum Senden bereitliegen, bzw. wann der PC empfangsbereit ist. Dieses Verfahren wird als Hardware-Handshake bezeichnet, da es über Kabel abläuft. (Es gibt auch ein sogenanntes Software-Handshake, das mit zusätzlichen Informationen auf den Datenleitungen arbeitet. Dieses Verfahren wird als Xon/Xoff bezeichnet und ist bei schnellen Dateiübertragungen sehr unzuverlässig) Die weiteren Leitungen übernehmen ähnliche Verwaltungsfunktionen, mit denen wir uns hier nicht näher beschäftigen wollen.

Leider gibt es nun serielle Verbindungskabel zu kaufen, die lediglich mit drei, fünf oder sieben Leitungen ausgerüstet sind. Es leuchtet ein, daß die Möglichkeiten des Einsatzes dann beschränkt sind. Wollen Sie wirklich alle Eigenschaften Ihres Modems voll ausnutzen, sollten Sie unbedingt darauf achten, daß sie ein vollständiges serielles Kabel mit neun Verbindungsleitungen erhalten.

2.3.2.3 Einbau eines internen Modems

Zum Einbau eines internen Modems müssen Sie in das Innenleben Ihres PC eingreifen, sofern Sie den Einbau nicht einem Fachhändler überlassen. Das kostet zwar ein paar Mark, aber der Händler übernimmt dann auch die Verantwortung dafür, daß hinterher alles funktioniert. Allerdings ist der Selbsteinbau eines Modems - oder anderer Erweiterungssteckkarten - für einen technisch halbwegs begabten Menschen kein großes Problem.

Vor dem Einbau sollten Sie allerdings das Handbuch des Einbaumodems aufmerksam lesen, um die erforderlichen Einstellungen vornehmen zu können. Das Modem muß ja, wie im vorigen Abschnitt beschrieben, auf einen COM-Port und einen freien Interrupt-Kanal eingestellt werden. In den meisten Fällen kommt ein solches Modem mit den richtigen Einstellungen für COM2 aus dem Werk, aber prüfen Sie das sicherheitshalber noch einmal nach.

Ist soweit alles vorbereitet, müssen Sie ihren PC öffnen. Dazu lösen Sie alle Schrauben, mit denen das Blechgehäuse an der Rückwand befestigt ist und heben die Blechhaube ab. Einige moderne Computergehäuse lassen sich auch ohne Schraubenzieher öffnen, konsultieren Sie also sicherheitshalber das mit Ihrem PC gelieferte Handbuch.

Jetzt liegt das Innenleben des PC offen vor Ihnen und Sie erkennen sofort in der hinteren linken Ecke die Erweiterungssteckleisten und die dafür erforderlichen Gehäuseschlitze. Suchen Sie sich einen freien Steckplatz für das Modem aus. Grundsätzlich ist es egal, in welche der schwarzen Leisten Sie das Modem einsetzen, sie sind alle in ihrer Funktion identisch. Allerdings sind einige länger als andere, weil an Ihnen mehr Leitungen aus dem PC herausgeführt sind. Für ein Modem reicht jedoch in jedem Fall die kurze Steckerleiste aus, oder aber der kurze Teil der langen Leisten.

In Rechnern mit VESA- oder PCI-Bus sind einige Steckerleisten mit zusätzlichen Steckern (VESA) oder ganz anderer mechanischer Konstruktion (PCI) enthalten. Vermeiden Sie es, das Modem in solche Leisten einzusetzen - beim PCI-Bus geht es schon rein mechanisch gar nicht.

Bevor Sie die Modemkarte einbauen, müssen Sie allerdings zuerst die Blechlasche für den von Ihnen ausgewählten Steckplatz entfernen. Dazu lösen Sie einfach die entsprechende Befestigungsschraube und entfernen das Blech. Dann setzen Sie die Modemkarte vorsichtig senkrecht von oben in die Steckerleiste und drücken Sie hinein. Das geht am einfachsten, wenn man an einer Seite mit dem Einsetzen beginnt. Vermeiden Sie aber, die Karte zu verkanten oder zu starken Druck auszuüben, da dann das Motherboard Schaden nehmen kann. Richtig eingesetzt sollte die Karte auf ihrer ganzen Länge gleich tief in der Steckerleiste sitzen und die Blechlasche satt am Gehäuse aufliegen. Diese wird nun wieder mit einer Schraube befestigt und danach können Sie ihren PC wieder schließen.

2.3.2.4 Nachrüstung serieller Schnittstellen

Für die Ansteuerung der seriellen Schnittstellen ist in den meisten PC ebenfalls eine Steckkarte zuständig. Hat Ihr PC nur einen COM-Port, so ist in aller Regel auf dieser Karte die Möglichkeit vorhanden, einen zweiten Port nachzurüsten. Dazu muß nur ein entsprechender UART-Chip (idealerweise der schnelle 16550) in den freien Chipsockel eingesetzt werden und die Karte mit den Jumpern auf den zweiten Port konfiguriert werden. Der Chip und ein Anschlußstecker für den COM-Port sind in den einschlägigen Computershops erhältlich, wo es auch eine große Auswahl an Steckkarten für Schnittstellen gibt.

Der Einbau erfolgt ganz ähnlich, wie vorstehend für das interne Modem beschrieben:

Einstellung der richtigen Portadressen und Interrupts gem. Tabellen 2, 3 und den Angaben im Handbuch, Einbau der Karte in einen freien Slot (evtl. vorher alte Schnittstellenkarte ausbauen) und dann Anschluß der COM-Steckerleisten.

Für diese Verbindung sorgt ein neunpoliges Flachbandkabel, das an einer Seite die bereits bekannte 25-polige Steckerleiste angelötet hat, an der anderen Seite steckt eine kleine 9-polige Kupplung, die auf die entsprechende Pfostenleiste der Karte aufgesetzt wird. Dabei gilt die Regel, daß die farbig markierte Seite des Flachbandkabels an den Pin kommt, der auf der Karte mit der Nummer 1 markiert ist - eine Regel, die übrigens für alle PC-Anschlüsse mit einem Flachbandkabel zutrifft.

Es sind noch zwei verschiedene mechanische Bauformen für solch einen Anschluß zu unterscheiden: Entweder ist die 25-polige Steckerleiste in einer Blechlasche montiert, die an Stelle einer der Blindlaschen an einem der Erweiterungsslots eingeschraubt wird, oder Sie muß in eine evtl. am PC vorhandene Gehäuseaussparung eingesetzt werden.

Dieser kurze Exkurs in die Tiefen der Rechnerhardware mag hier genügen, denn wir wollen uns nun mit dem Anschluß des Modems an das Telefonnetz beschäftigen um dann endlich die ersten Datenreisen zu unternehmen.

2.4 Anschluß ans Telefonnetz

Da Sie ja ein postzugelassenes Modem gekauft haben, ist diesem eine passende Leitung zum Anschluß an die Telefonsteckdose beigefügt. Diese Steckdosen, die heute von der Telekom in allen Wohnungen eingesetzt werden, heißen „Telefon-Abschluß-Einheit", kurz TAE-Dosen. Die TAE-Norm hat die alten, als ADo bezeichneten Telefonsteckdosen mittlerweile fast vollständig verdrängt und seit der Aufhebung des Endgerätemonopols vor einigen Jahren, dürfen Sie an diese Dose alles anschließen was Ihnen gefällt, solange es einen Zulassungsstempel des BZT hat.

Allerdings gibt es bei den TAE-Dosen zwei unterschiedliche mechanische Ausführungen. Die eine wird als F-codiert bezeichnet und dient zum Anschluß einer Fernsprecheinrichtung, kurz eines Telefons. Die andere heißt N-codiert und dient zum Anschluß von Nachrichtenendgeräten wie Anrufbeantworter, Faxgeräte und eben Modems.

Aber wie erkennen Sie, was für eine Dose bei Ihnen in der Wand steckt. Das ist eigentlich ganz einfach. Hat diese TAE-Dose nur einen Anschluß, dann ist dies ein F-codierter, hat sie aber - und das ist heute praktisch die Regel - zwei oder gar drei Anschlußmöglichkeiten, dann ist eine davon F-codiert, die andere(n beiden) N-codiert. Sie erkennen das an einem kleinen F bzw. N das im Plastik der Dose eingraviert ist. Diese beiden Anschlußarten unterscheiden sich vor allem in der Geometrie. Ein F-Stecker paßt nicht in eine N-Buchse und umgekehrt.

Der Unterschied zwischen den F- und N-Anschlüssen liegt aber nicht nur in der Steckermechanik, es gibt auch einen elektrischen Unterschied. Die Telekom will sicherstellen, das auch bei vielen angeschlossenen Endgeräten das Telefon immer das letzte Glied der Kette ist. Deswegen sind z.B. bei einer NFN-Dose die beiden N-Anschlüsse hintereinander geschaltet und erst dann mit dem F-Anschluß verbunden. Steckt kein N-Gerät in dieser Dose sorgen zwei kleine Metallzungen für die Verbindung zum zweiten N-Anschluß, in diesem wiederrum wird der Kontakt zum F-Anschluß durchgeschaltet. Die Reihenfolge der Kontakte in elektrischer Hinsicht ist also N-N-F, und damit anders, als die mechanische Anordnung in der Dose. Wird ein N-Gerät in die Dose eingesteckt, so trennt es diese Verbindung auf und muß seinerseits dafür sorgen, daß die Telefonleitung druchgeschleift wird. Erst wenn das Gerät aktiv wird, trennt es diese Verbindung auf und agiert dann als Endgerät.

Ein Telefon mit seinem F-Anschluß ist dann natürlich lahmgelegt, da es ja am Ende der ganzen Kette steht. Aber das ist auch logisch, denn wenn ein Modem Daten auf die Telefonleitung sendet, soll ja kein Telefongespräch dazwischen funken können.

Noch ein bißchen komplizierter wird die Sache, wenn in einer großen Wohnung oder einem Büro mehrere TAE-Einheiten hintereinander geschaltet werden. Um auch hier sicherzustellen, daß am Ende der ganzen Reihe immer ein F-Gerät, also ein Telefon steckt, unterbricht jedes F-Gerät beim Einstecken die Verbindung zu nachgeordneten TAE-Dosen. Sie können also ein Faxgerät oder ein Modem nicht an einer TAE-Dose betreiben, die an zweiter oder dritter Stelle hinter anderen kommt, wenn dort ein Telefon eingesteckt ist.

Die ganze Sache klingt ein wenig kompliziert, ist aber eigentlich ganz einfach: Es sind ja lediglich zwei Drähte, über die der gesamte Telefonverkehr abgewickelt wird. Diese beiden Drähte kommen aus Ihrer Hausverteilanlage und werden an die Klemmen 1 und 2 einer TAE-Dose angeschlossen (natürlich nur von einem Telekom-Beauftragten). Das Signal wird dann an den ersten N-Anschluß geleitet, durch diesen durchgeschleift an den zweiten N-Anschlu und von da aus an den F-Kontakt. Steckt hier ein Gerät drin, ist die Kette hier zu Ende. Wenn nicht, wird das Signal an die Klemmen 5 und 6 der Dose weitergeleitet, an die dann eine weitere, gleichartige Dose angeschlossen werden kann.

Manipulationen an diesen Dosen dürfen übrigens trotz aller Liberalisierung nur von der Telekom oder in deren Auftrag arbeitenden Firmen vorgenommen werden. Deswegen gibt es auch im einschlägigen Fachhandel mittlerweile eine Fülle von Verlängerungsschnüren und Adaptern, die z.B. aus einem F-Anschluß einen vollwertigen NFN-Anschluß machen, ohne daß ein Eingriff in die hoheitlichen Sphären der Telekom nötig wäre. Die innere Schaltung eines solchen Adapters ist aber vollkommen identisch mit den erwähnten NFN-Dosen.

Auf der Seite des Modems finden Sie übrigens einen ganz anderen Anschluß vor, den sogenannten Western-Stecker. Er dient in den USA als genormter Universalanschluß für alle Telekommunikationseinrichtungen und war eine kurze Zeit auch für Deutschland im Gespräch, doch dann hat es die Telekom vorgezogen, ihre eigene Lösung - sprich TAE - auf den Markt zu bringen.

Das Verbindungskabel wird also modemseitig mit dem Western-Stecker eingesteckt, wobei die kleine Plastikzunge die Verbindung mechanisch arretiert und die andere Seite, die mit dem TAE-Stecker, kommt in einen freien N-Anschluß Ihrer Telefonsteckdose und das war's bereits.

Testweise sollten Sie nach dem Anschluß einmal den Hörer Ihres Telefons abheben und kontrollieren, ob dort noch ein Freizeichen zu hören ist. Daran erkennen Sie, daß das Modem im inaktiven Zustand die Telefonleitung korrekt durchschleift. Ist kein Freizeichen zu hören, ziehen Sie den Modem-Stecker aus der TAE-Dose. Ertönt es dann, liegt wahrscheinlich ein Fehler im Modemkabel oder im Modem selbst vor.

Noch eine letzte Bemerkung zum Anschluß des Modems an das Telefonnetz: Wenn Sie beabsichtigen, Hochgeschwindigkeits-DFÜ zu betreiben, sollten Sie das Modem nicht an einer Nebenstellenanlage installieren. Solche Anlagen haben die unangenehme Eigenschaft, die Leitungsqualität manchmal zu beeinträchtigen, und das geht dann zu Lasten der Datenverbindung. In so einem Fall sollten Sie sicherheitshalber einen separaten Amtsanschluß für das Modem einrichten lassen.

2.5 Ein erster Test

Natürlich wollen Sie jetzt möglichst sofort ausprobieren, ob das Modem auch funktioniert. Doch dazu benötigen Sie mindestens ein sogenanntes Terminalprogramm. Mit diesen Programmen werden wir uns zwar erst im nächsten Kapitel ausführlich beschäftigen, aber trotzdem soll Ihre Geduld nicht zu lange auf die Probe gestellt werden.

Als Besitzer von Windows finden Sie in der Programmgruppe Zubehör ein kleines Programm namens Terminal. Wenn Sie dieses starten, dann können Sie zumindest einen ersten Test des Modems vornehmen - ohne daß wir an dieser Stelle auf Details oder die Bedeutung der einzelnen Befehle näher eingehen wollen.

Also los: Schalten Sie Ihr Modem ein und starten Sie Terminal durch einen Doppelklick. Wenn Sie es zum erstenmal aufrufen, erscheint zum Start eine Abfrage, an welchem COM-Port Ihre Modem angeschlossen ist. Klicken Sie auf den entsprechenden Punkt und bestätigen Sie mit OK. Danach sitzen Sie vor einem leeren Bildschirmfenster, auf dem lediglich ein Cursor blinkt.

Geben Sie jetzt einfach einmal AT ein (das ist der Basisbefehl des Hayes-Befehlssatzes und heißt soviel wie „Attention") und drücken Return. Als Antwort sollte das Modem OK zurückgeben. Damit haben Sie schon einmal sichergestellt, daß Modem und PC richtig miteinander kommunizieren. Bleibt das beruhigende OK aus, prüfen Sie bitte, ob Sie Terminal den richtigen COM-Port mitgeteilt haben. Diese Einstellung finden Sie im Menü EINSTELLUN-GEN/DATENÜBERTRAGUNG. Wenn dort der korrekte COM-Port angegeben ist, könnte es sein, daß Sie sich mit der hardwareseitigen Einstellung des Interrupts vertan haben. Prüfen Sie dann anhand der vorhergehenen Erläuterungen den ganzen Einbau noch einmal nach.

War der vorhergehende Test erfolgreich, dann können Sie auf ganz einfache Weise auch nachprüfen, ob der Aufbau einer Telefonverbindung zustandekommt. Nehmen Sie dazu am besten eine Ihnen bekannte Telefonnummer im Ortsnetz - und bereiten Sie den anzurufenden Teilnehmer auf einen etwas merkwürdigen Anruf vor (Sie können natürlich auch ganz simpel die Nummer der Zeitansage oder eines anderen Ansagedienstes auswählen). Tippen Sie nun am Bildschirm einfach ATDP gefolgt von der richtigen Telefonnummer ein und drücken Sie die Return-Taste. Aus dem Modem sollte nun ein Klicken zu hören sein, das ganz ähnlich klingt, wie das Arbeitsgeräusch eines alten Wählscheiben-Telefons. Nach dem Wählen müßte dann ein etwas verzerrtes Freizeichen zu hören sein und - wenn der Teilnehmer abgehoben hat - dessen Stimme. Beenden Sie das Gespräch dann sofort wieder, indem sie im Menü WÄHLEN den Befehl AUFLEGEN ausführen. Es sollte dann im Modem einmal klicken, und Ihr normales Telefon muß wieder ordnungsgemäß arbeiten.

Wenn an dieser Stelle etwas nicht funktioniert, dann ist wahrscheinlich am Telefonanschluß etwas fehlerhaft. Bei der Verwendung von Adapterkabeln, kann das Problem an falschen Kabelverbindungen liegen, ansonsten sollten Sie in so einem Fall den Störungsdienst der Telekom konsultieren. Sollten Sie illegalerweise eine Eigenbau-Lösung installiert haben, dann prüfen Sie doch einmal, ob Sie die beiden Telefonleitungen nicht schlicht an der falschen Seite der TAE-Dose angeschlossen haben. Die beiden Postleitungen gehören an die Klemmen 1 und 2 - aber an denen haben Sie ja wie bereits erwähnt nichts zu suchen.

Sie werden sich jetzt vielleicht fragen, warum wir diesen Test nicht mit der Telefonnummer einer Mailbox durchgeführt haben. Um mit einer solchen sinnvoll zu kommunizieren bedarf es aber noch einiger weiterer Einstellungen im Terminalprogramm, die an dieser Stelle einfach zu weit geführt hätten. Der etwas simple Test tut es doch auch, um zu sehen, daß alles richtig angeschlossen ist.

3 Software

Im vorangegangenen Kapitel haben wir uns mit der notwendigen Hardware für die ersten Schritte auf dem Datenhighway befaßt. Doch wie so oft in der Computerei: Ohne die entsprechende Software geht es nicht. Deswegen folgt nun eine Übersicht, mit welchen Programmen Sie am einfachsten an die vielen Informationen herankommen können, die weltweit in Mailboxen und Online-Informationsdiensten herumliegen. Eines dieser Programme, das Terminal-Programm aus Windows haben wir ja schon kennengelernt. Ganz Ungeduldige können zunächst einmal damit ihre ersten Schritte in der DFÜ-Landschaft wagen und in Kapitel 4 weiterlesen. Doch für eine wirklich sinnvolle Datenkommunikation ist Terminal ungeeignet und es müssen andere Programme mit weiterreichenden Möglichkeiten her.

3.1 Allgemeine Übersicht über gängige DFÜ-Programme

Das mit Abstand beliebteste Betriebssystem für den PC, MS-DOS, tut bis auf den heutigen Tag so, als ob es Datenfernübertragung nicht gibt. Dieses mittlerweile 13 Jahre alte System kann zwar serielle Schnittstellen verwalten, aber für eine sinnvolle Kommunikation zwischen zwei Computern ist es praktisch ungeeignet. (Einzige Ausnahme: Seit MS-DOS 6.0 gibt es das Programm Interlink, daß eine direkte Kopplung zweier Rechner über ein Nullmodem-Kabel erlaubt.)

Diese Situation hat sich mit dem Erscheinen von Windows 3.0 und später 3.1 etwas gebessert, denn hier wurde immerhin das bereits mehrfach erwähnte Terminal mitgeliefert, daß immerhin schon echte DFÜ erlaubt, wenn es auch für einen professionellen Einsatz an einigen entscheidenden Stellen etwas spärlich geraten ist. Mit dem neuen Windows 95, das im Laufe des Jahres 1995 auf den Markt kommen soll, wird eine neue Variante namens Hyperterm ausgeliefert, die wesentlich mächtiger als das alte Terminal ist, und mit der dann endlich sinnvolle DFÜ-Möglichkeiten ins Betriebssystem integriert werden.

Mit seinem neuen Betriebssystem OS/2 3.0 Warp hat IBM in diesem Punkt eindeutig die Nase vorn: Dieses seit Ende 1994 verfügbare Betriebssystem hat integrierte DFÜ-Möglichkeiten der feinsten Sorte: Es kann zusätzlich zur normalen Datenübertragungen auch faxen und hat spezielle für die Kommunikation mit dem Internet und Compuserve vorbereitete Software.

Für Windows in seiner heutigen Form und natürlich vor allem für DOS brauchen Sie aber zusätzliche Software, wenn Sie sich auf den Datenhighway begeben wollen: Ein Terminalprogramm.

3.1.2 Was ist ein Terminalprogramm?

Der Begriff ist jetzt schon mehrfach gefallen, und harrt immer noch der Erklärung: Was ist ein Terminalprogramm?

Dazu müssen wir einen Abstecher in die Anfänge der Computerei machen. Dort waren zunächst ja vor allem Großrechner eingesetzt, die aufgrund ihrer komplizierten Konstruktionsweise in klimatisierten Räumen untergebracht waren. Um mit diesen Großrechnern in Verbindung zu treten, mußten die Benutzer an Datenendstellen, sogenannten Terminals, Platz nehmen und von dort aus per Tastatur Eingaben an den Rechner tätigen. Die Ausgabe erfolgte in den ersten Jahren über Fernschreiber, später gab es dann echte Bildschirmterminals, die in interaktives Arbeiten ermöglichten.

Als dann Anfang der 80er Jahre der PC auf den Markt kam, war der für viele Hersteller von Großcomputern eigentlich nur ein zu belächelndes Spielzeug. Doch immerhin sah er ja aus, wie eines der zahlreich im Einsatz befindlichen Bildschirmterminals, und was lag näher, ihn auch als ein solches zu verwenden. Es wurden also Softwareprogramme geschrieben, die es einem PC ermöglichten, als Terminal an einem Großrechner zu arbeiten, die Terminalprogramme waren geboren.

Ein solches Programm tut genaugenommen nichts andere, als die über eine serielle Schnittstelle hereinkommenden Zeichen zu interpretieren - Buchstaben als Buchstaben auf den Bildschirm zu bringen, Sonderzeichen als Steuerzeichen für die Bildschirmausgabe zu verstehen und umgekehrt, die Eingaben des Benutzers an der Tastatur über die serielle Schnittstelle auszugeben. Ob dann an dieser Schnittstelle ein Großrechner, ein anderer PC oder eben ein Modem hängt, ist im Prinzip vollkommen egal.

Natürlich können heutige Terminalprogramme mehr, denn es ist ja oft nicht damit getan, am Bildschirm geschriebene Texte und Zeichen zu übertragen, sondern auch Bilder, Grafiken und ganze Softwareprogramme. Der Unterschied zwischen Texten und sogenannten Binärdateien ist in diesem Zusammenhang ziemlich bedeutsam.

Texte, wie sie am Bildschirm getippt werden, bestehen ja aus einem sehr eng begrenzten Zeichenvorrat. Es kommen lediglich die Buchstaben, evtl. Umlaute, einige Sonderzeichen wie Punkt und Komma sowie die Ziffern von 0 bis 9 darin vor. Deswegen haben die Hersteller von Datenterminals auch viele der anderen möglichen 255 Zeichen des ASCII-Zeichensatzes zur Steuerung der Bildschirmausgabe genutzt. Damit konnten die Bildschirmgeräte wesentlich eleganter eingesetzt werden, als die alten Fernschreiber, bei denen ja nur Zeile für Zeile ausgegeben werden konnte - was auch für die ersten Bildschirmterminals galt. Bei den neuen Möglichkeiten der Bildschirmausgabe kochte jedoch jeder Hersteller sein eigenes Süppchen, und daher gab es viele verschiedene Möglichkeiten, Sonderzeichen zu interpretieren. Ihr Terminalprogramm wird diese verschiedenen Bildschirmgeräte aufgrund seiner Programmierung nachbilden, praktisch „so tun, als ob". Diesen Vorgang nennt man Emulation.

Für die Datenübertragung von Bildern und Programmen - den bereits erwähnten Binärdateien - entsteht aber noch ein weiteres Problem. Sie enthalten naturgemäß nicht nur die für eine Textübertragung sinnvollen Zeichen, sondern können auch beliebig viele Zeichen enthalten, die normalerweise als Textsteuerzeichen gedeutet werden würden. Es muß also bei der Übertragung von Binärdateien dafür gesorgt werden, daß diese Zeichen nicht falsch interpretiert werden. Jedes Terminalprogramm hat daher die Möglichkeit, sowohl Text- als auch Binärdateien zu übertragen.

Kommt es bei einer Textübertragung zu Fehlern, z.B. aufgrund schlechter Leitungsqualität, so werden u.U. falsche oder überflüssige Zeichen auf dem Bildschirm ausgegeben. das ist zwar unschön, aber meist bleibt der Sinn der Botschaft dennoch verständlich. Ganz anders bei der Binärübertragung. Hier hat jedes Byte, jedes Zeichen, seinen festen Platz und ein einziger Fehler könnte dazu führen, daß ein auf diese Weise übertragenes Programm nicht mehr ordnungsgemäß läuft. Die Programmierer mußten sich also etwas einfallen lassen, um diese Art der Datenübertragung gegen Fehler abzusichern und entwickelten daraufhin sogenannte Übertragungsprotokolle.

3.1.3 Nicht nur beim Staatsbesuch: Protokollfragen

Ein Übertragungsprotokoll dient dazu, die Binärübertragung von Daten zu gewährleisten und einen weitgehenden Schutz vor Fehlern zu ermöglichen. Es ist - wie immer bei einem Protokoll - eine Vereinbarung, an die sich beide Seiten halten müssen, wenn Sie funktionieren soll.

Im Prinzip passiert bei der Datenübertragung folgendes: Der sendende Computer nimmt sich eine bestimmte Anzahl von Bytes, die er senden will. Dieser sogenannte Datenblock wird jetzt mit zusätzlichen Informationen versehen, u.a. einer Prüfsumme, aus der sich ermitteln läßt, ob alle Daten korrekt sind. Dieses Paket wird an den Empfangscomputer verschickt, der quittiert den

Empfang nachdem er kontrolliert hat, ob die Daten samt Prüfsumme richtig angekommen sind. Hat er einen Fehler entdeckt, fordert er den Sender auf, den besagten Block noch einmal zu schicken.

Im Laufe der Jahre hat sich eine Vielzahl solcher Protokollvereinbarungen entwickelt, von denen sich einige wenige als echte Standards gehalten haben. Je besser Ihr Terminalprogramm, um so mehr dieser Protokolle wird es unterstützen.

3.1.3.1 Kermit

So wie der kleine grüne Frosch aus der Muppett-Show, gehört auch dieses Protokoll zu den Veteranen. Es wurde an der Columbia-Universität entwickelt und geht auf ein gleichnamiges Terminalprogramm zurück, das sich vor etlichen Jahren großer Beliebtheit erfreute. Allerdings ist Kermit aufgrund seines Alters ein recht langsames Protokoll (so müssen z.B. acht Bit breite Datenworte in zwei aufeinanderfolgenden Zeichen übertragen werden) und ist nicht in der Lage, Namen und andere Informationen zur gesendeten Datei mitzuübertragen. deswegen wird Kermit heute kaum noch verwendet. Es ist wahrscheinlich Nostalgie in der sonst so trockenen Computerszene, wenn der "kleine Frosch" auch heute noch bei fast jedem Terminalprogramm mitgeliefert wird.

3.1.3.2 XModem

Auch dieses Protokoll ist ein Veteran in der DFÜ-Szene. Es wurde bereits Ende der 70er Jahre entwickelt. Beim XModem-Protokoll werden die Daten in Blöcken zu 128 Byte übertragen und ein weiteres Byte als Prüfsumme angehängt. Dateinamen, Datum und Uhrzeit können wie bei Kermit nicht mit übertragen werden. Die Prüfsummenbildung erfolgt recht simpel: Es werden die ASCII-Werte der 128 Zeichen aufsummiert, durch 256 dividiert und der Rest der Division als Prüfsumme mitübertragen. Die Wahrscheinlichkeit, daß bei diesem Verfahren Fehler schlicht übersehen werden, ist recht hoch und daher ist Xmodem aus heutiger Sicht vor allem bei längeren Dateien nicht mehr zu empfehlen.

3.1.3.3 XModem plus...

Aus den bereits erwähnten Gründen wurde das XModem-Protokoll weiterentwickelt, das Prüfsummenverfahren geändert und drei Byte für die Prüfsumme spendiert. Das als XModem CRC bezeichnete Verfahren wird in vielen

Terminalprogrammen ganz simpel als XModem bezeichnet, stellt aber aus heutiger Sicht ebenfalls keine geeignete Übertragfungsform mehr dar.

Mit XModem-1K, einer weiteren Variante, wurde die Blocklänge auf 1024 Byte, also ein kByte erhöht, was den Datendurchsatz bei guter Telefonleitung deutlich erhöhte. Ist die Leitungsqualität allerdings schlecht und müssen daher viele Blocks neu gesendet werden, sinkt der Durchsatz ganz erheblich.

Für Modems, die von Hause aus eine Fehlerprüfung nach V.42 vornehmen, gibt es noch die Variante XModem-1K-g, die auf eine protokollseitige Fehlerprüfung verzichtet. Ohne geeignete Modemverbindung ist ihre Verwendung allerdings ein Glücksspiel.

3.1.3.4 YModem

Dieses Protokoll stellt gegenüber der XModem-Familie eine deutliche Verbesserung dar, indem es z.B. flexibel zwischen 128 und 1024 Byte Blockgröße hin und her schalten kann. Gleichzeitig wird das sicherere CRC-Prüfsummenverfahren angewendet. Mit YModem ist es auch möglich, Dateinamen und Dateilänge mitzuübertragen, so daß auch mehrere Dateien in "einem Rutsch" hintereinander verschickt werden können

Auch beim YModem-Protokoll gibt es eine Variante YModem-g, die für Modems mit eingebauter Fehlerkorrektur gedacht ist und die Rückmeldung der korrekten Prüfsumme verzichtet.

3.1.3.5 ZModem

Zufall oder nicht: Mit Y ist das Alphabet noch nicht zu Ende und so folgt als drittes und heute leistungsfähigstes Protokoll ZModem. Es stammt vom gleichen Autor wie YModem und stellt eine sinnvolle Weiterentwicklung dar.

Wie bei YModem werden Dateinamen und Dateilänge mitübertragen und es können so mehrere Dateien hintereinander verschickt werden. Auch die Blockgröße wird zwischen 128 Byte und 1 kByte variable gestaltet: Treten wenige Fehler auf, so werden große Blöcke verschickt, bei häufigen Fehlern kleine. Im Gegensatz zu YModem kann ZModem allerdings zwischen den beiden Extremen auch Zwischenwerte wählen, bei guten Leitungen sogar über ein kByte hinausgehen.

So lange keine Fehler auftreten verzichtet ZModem auch auf das zeitraubende Bestätigen des korrekten Empfanges. Es wird einfach Block für Block hintereinander übertragen. Erst wenn die Gegenstelle einen Fehler meldet, wird der Block wiederholt und dann geht es weiter...

ZModem ist bei geeigneter Einstellung des Terminalprogrammes auch in der Lage selbständig zu reagieren, wenn an der Gegenseite Dateien zum Senden bereitstehen. Der Benutzer braucht also den Download-Vorgang gar nicht mehr selbständig einzuleiten, sondern nur zu warten, bis die Datei fertig vorliegt.

Und als letzten Clou erlaubt ZModem auch, unterbrochene Downloads an der Stelle wieder fortzusetzen, an der die Übertragung unterbrochen wurde. Das ist insbesondere bei langen Dateien und schlechten Telefonleitungen von Vorteil: Stellen Sie sich vor, sie laden eine 1 MByte große Datei und haben bereits gut 900 kByte übertragen. Nun bricht plötzlich die Leitung zusammen... Beim X- und YModem-Protokoll müßten Sie jetzt die ganze Dateien kostspielig (Telefongebühren) noch einmal übertragen, ZModem macht selbständig an der Stelle weiter, wo es unsanft unterbrochen wurde.

3.1.3.6 Compuserve

Sie werden sich vielleicht fragen, warum der Anbieter professioneller Online-Dienste hier im Kapitel über die Übertragungsprotokolle auftaucht. Aber Compuserve verwendet für seine Dateiübertragungen ein eigenes, sehr leistungsfähiges und sicheres Protokoll. Für Sie als Anwender ist das jedoch nur von Bedeutung, wenn Sie sich mit einem "Normalen" Terminalprogramm bei Compuserve anmelden. Mit den Compuserve-eigenen Programme, auf die wir später eingehen werden, wird dieses Protokoll automatisch verwendet.

3.1.3.7 Weitere Protokolle

Daneben gibt es noch einige weitere Protokolle, die allerdings längst nicht die Verbreitung von Zmodem gefunden haben. Wenn Sie in Ihrem Terminalprogramm außerdem ein ASCII-Protokoll vorfinden, dann ist das genaugenommen nichts anderes, als die simple Übertragung von Text. Es wird hier auf jede Prüfsummenbildung verzichtet, und einfach Zeichen für Zeichen übertragen.

3.1.4 Gebräuchliche Terminalprogramme - eine Auswahl

Nach dem Ausflug in die Protokollfragen soll hier noch kurz erwähnt werden, warum das Windows-Terminal nur begrenzt einsetzbar ist: Es besitzt leider keine Option für den Einsatz von Zmodem sondern kann nur die älteren X-

und Kermit-Protokolle einsetzen. Wenn Sie jemals versuchen sollten, große Dateien damit zu laden, werden Sie diesen Nachteil am eigenen Leibe spüren.

Es gibt natürlich eine Fülle von Terminalprogrammen am Markt, von denen hier nur einige - ohne jeden Anspruch auf Vollständigkeit - vorgestellt werden sollen. In der DOS-Welt sind das vor allem:

- Telix

- Procomm

- Telemate

- und zahlreiche, mit Modems ausgelieferte Terminalprogramme

Schauen Sie sich einmal bei Ihrem Computerhändler um, er wird sicher noch mehr Terminalprogramme auf Lager haben. Doch es gibt noch eine andere Quelle für brauchbare Software: Die sogenannte Shareware.

3.1.4.1 Preiswert und oft gut: Shareware

Auf der Suche nach einem geeigneten Terminalprogramm haben Sie es heute wesentlich leichter, als noch vor ein paar Jahren. Seit dem Siegeszug der CD-ROM gibt es nämlich eine Fülle von CD's, die im Computerhandel angeboten oder entsprechenden Zeitschriften beiliegen, auf denen sich sogenannte Shareware-Programme befinden.

Mit Shareware wird eine bestimmte Form des Softwarevertriebes bezeichnet, die für Programmierer wie Anwender viele Vorteile hat, wenn sich beide an die Spielregeln halten. Sharewareprogramme dürfen in der vom Autor freigegeben Form frei kopiert und weitergegeben werden. Sie, als potentieller Nutzer eines solchen Programmes, können es auf Ihrem Rechner installieren und nach Herzenslust ausprobieren. Viele Shareware-Programme bieten auch in dieser Phase den vollen Funktionsumfang, andere sind an einigen Stellen eingeschränkt oder geben nach einer festgesetzten Zeitspanne den Geist auf.

In der Testphase sollen Sie erkennen können, ob das Programm Ihren Ansprüchen entspricht. Tut es das nicht, so löschen Sie es wieder (!) und die Sache ist erledigt. Wollen Sie das Programm weiter nutzen, so lassen Sie sich beim Programmierer gegen eine (meist recht geringe) Gebühr registrieren und sind dann rechtmäßiger Nutzer des Programmes. In der Regel werden Sie dann auch sofort über Weiterentwicklungen, beseitigt Fehler und ähnliches Informiert.

Das Shareware-Thema wird hier deswegen so breit dargelegt, weil es gerade in dieser Szene eine Fülle hervorragender DFÜ-Programme gibt, die sich bei vielen Computerbesitzern großer Beliebtheit erfreuen.

Allerdings sind die Grenzen manchmal etwas fließend. Das bereits erwähnte Terminalprogramm Telix z.B. ist in Deutschland offiziell keine Shareware (anderswo schon) und geistert dennoch (mehr oder weniger illegal) durch die einschlägige Szene. Telix hat sich jedenfalls in der DOS-Welt einen guten Namen gemacht und bietet zu einem akzeptablen Preis einen sehr guten Funktionsumfang.

3.1.4.2 Telix, alt aber bewährt

Aufgrund seiner Verbreitung soll Telix hier stellvertretend für die Terminalprogramme der DOS-Welt kurz beschrieben werden. Vor allem auch deswegen, weil eingefleischten „Telixianern" seit kurzem eine Windows-Version zur Verfügung steht, die das Zeug hat, an den Erfolg des Vorgängers anzuknüpfen.

Telix wird in Deutschland von der Aachener Firma Elsa vertrieben und ist hierzulande keine Shareware. Trotzdem wird immer wieder berichtet, daß das Programm auch in Mailboxen zum Download zur Verfügung steht. Wenn Sie eine solche Programmfassung besitzen, und diese bei Elsa registrieren lassen, wird Ihnen daraus wohl niemand einen Strick drehen, aber ohne Registrierung ist die Benutzung illegal. Elsa besitzt übrigens eine eigene Mailbox mit der Telefonnummer 0241/xxx. In dieser Mailbox können sie sich als Teilnehmer online registrieren lassen und dort z.B. auch die 45-Tage-Testversion von Telix für Windows abrufen.

Doch zurück zum guten alten Telix für DOS. Dieses Programm wird mit Kurzbefehlen gesteuert, die aus einem Tastendruck in Verbindung mit der ALT-Taste bestehen (Tabelle 5). Mit ALT-D (für Dial) kommen Sie beispielsweise ins Telefohnverzeichnis, aus dem heraus Sie Ihre Verbindungen anwählen können. Die folgende Tabelle zeigt die wichtigsten Telix-Befehle, die Sie im Programm auch über ALT-Z erfahren können. (Leider sind die Buchstaben nicht immer selbsterklärend, wer z.B. denkt mit ALT-H eine Hilfe zu bekommen, wählt den Befehl zum Verbindungsabbruch)

Unter den Befehlen „Telix-konfigurieren" und „Kommunikationsparameter" finden sich eine Fülle von Einstellungs- und Konfigurationsmöglichkeiten, die Telix so vielseitig und damit auch so beliebt machen. Wie Sie konkret mit Telix bzw. seinem Windows-Ableger arbeiten können und wie Sie die zahlreichen darin enthaltenen Konfigurationsmöglichkeiten sinnvoll nutzen, erfahren Sie in den praktischen Übungen im Kapitel 4.

Tabelle 5: Einige ausgewählte Telix-Befehle

Anwahlverzeichnis	Alt-D
Editor aufrufen.	Alt-A
Dateien senden...	Alt-S
Dateien empfangen	Alt-R
Lokales Echo....	Alt-E
Telix beenden....	Alt-X
Komm.Parameter...	Alt-P
Telix konfigurieren	Alt-O
DOS Kommando....	Alt-V
Terminalemulation	Alt-T
Übersetzungstab.	Alt-W
Protokolldatei e/a	Alt-L
Konversationsmodus	Alt-Y
Statuszeile ein/a	Alt-8
Verbindungsabbruch	Alt-H
Logdatei ein/aus.	Alt-U
Script lernen....	Alt-N

3.1.4.3 Windows: DFÜ im Fenster

Lange Zeit war die Datenfernübertragung die letzte DOS-Domäne auf vielen Windows-PC. Das hing zum einen damit zusammen, daß es relativ lange dauerte, bis Windows-Terminalprogramme an den Komfort ihrer DOS-Kollegen herankamen, und daß andererseits die komplexe Struktur des Windows-Systems bei der Datenübertragung Probleme bereiten konnte. In Windows kann es ja aufgrund der begrenzten Multitasking-Fähigkeiten dazu kommen, daß mehrere Programme versuchen, auf die gleiche serielle Schnittstelle zuzugreifen. Dieses unmögliche Ansinnen muß dann vom Betriebssystem abgefangen und geregelt werden, wobei natürlich keine Daten verlorengehen sollen.

Hinzu kommt, daß der in Windows enthaltene Treiber für die serielle Schnittstelle nicht unbedingt für High-Speed-Datenkommunikation ausgelegt war. Zahlreiche DFÜ- und vor allem Fax-Programme ersetzen dann auch den Standard-Windows-Treiber durch eigene Treibersoftware. Das kann dann leider mit anderen Programmen (z.B. dem noch zu beschreibenden WinCIM) führen. Andere DFÜ-Programme, wie z.B. Telix für Windows nutzen zwar den „normalen" Windows-Treiber, bringen ihn aber mit einigen Tricks dazu, auch die High-Speed-Kommunikation zu unterstützen. Hilfreich und notwendig sind natürlich in jedem Fall die schnellen seriellen Schnittstellen (UART16550, s. Kap. 2).

Trotzdem sollten Sie in einer Windows-Umgebung nicht zuviel verlangen. Wenn Sie z.B. Faxe senden oder größere Dateien aus einer Mailbox laden, und gleichzeitig Programme laufen haben, die den Prozessor Ihres Rechners stark belasten, dann wird es mit an Sicherheit grenzender Wahrscheinlichkeit zu Problemen bei der Datenübertragung kommen. Lassen Sie also Windows am besten in Ruhe, wenn Sie es mit DFÜ-Aufgaben beschäftigen.

Für die Datenkommunikation unter Windows gibt es mittlerweile auch eine stattliche Liste von Programmen, u.a.:

- Terminal (in Windows enthalten)

- Procomm Plus

- MicroLink (Shareware)

- Telix für Windows

Nehmen wir als Beispiel im Shareware-Sektor z.B. MicroLink; ein sehr interessantes Terminalprogramm, daß auch gehobenen Ansprüchen genügt. Es wird von der Firma MicroWerks in Roswell im US-Bundesstaat Georgia vertrieben, und kann aus verschiedenen Mailboxen geladen werden. In der Shareware-Version ist es allerdings nicht komplett, den vollen Umfang bietet erst die lizensierte Version.

Auch die Windows-Variante des bekannten Telix, rechtzeitig zum Jahresende 1994 fertig geworden, bietet großen Komfort unter Windows. Es ist gelungen, das look-and-feel des guten alten Telix angemessen in die Windows-Welt zu übertragen, und geübte Telix-Anwender dürften kaum Probleme mit diesem Programm haben. Den Vertrieb in Deutschland hat, wie schon bei der DOS-Version, die Firma Elsa in Aachen übernommen. Eine 45-Tage Testversion des englischsprachigen Programms war Anfang des Jahres 95 auf der CD einer Computerzeitschrift enthalten, und kann auch aus der Mailbox der Firma Elsa heruntergeladen werden. Besitzer der Testversion können dann online die Vollversion in Aachen bestellen, zum Preis von 199 DM (Bei Drucklegung dieses Buches im März 1995). (Bild 3)

3.1.4.4 Automatisierung in der DFÜ

Was viele der erwähnten Terminalprogramme auszeichnet, ist das Vorhandensein einer eigenen Progammiersprache. In Microlink gleicht sie z.B. dem bekannten Basic, in Telix und Telix für Windows ist sie eher an C orientiert. Ein solche Sprache kann dem geübten DFÜler die Arbeit wesentlich erleichtern. So kann der Zugang zu oft aufgesuchten Mailboxen automatisiert werden, daß umständliche Eingeben von Usernamen und Paßwörtern entfällt.

Mit der Programmiersprache von Telix ist es sogar möglich, eine eigene Mailbox in Betrieb zu nehmen, was von vielen Firmen genutzt wird um Daten von Außendienstmitarbeitern zu empfangen. Im VDI-Verlag dient z.B. eine solche Mini-Mailbox dazu, die wöchentlich herausgegebenen Umweltkarten und Umweltdaten der Bundesrepublik, Interessenten verfügbar zu machen, ein mittlerweile rege nachgefragtes Angebot.

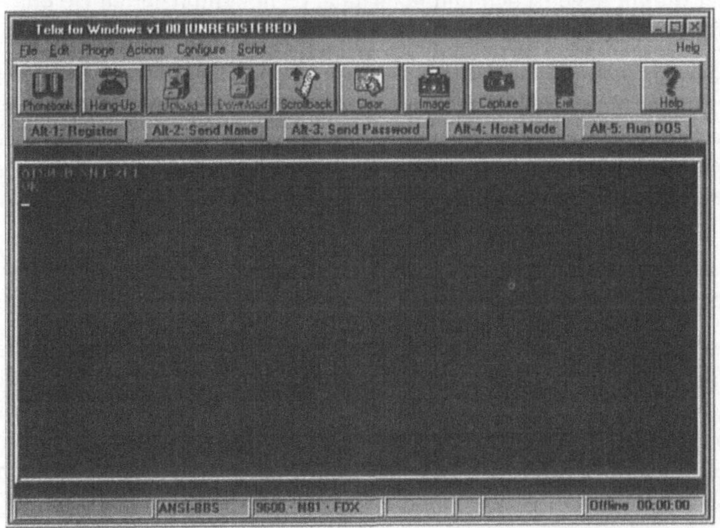

Bild 3: Die Windows-Version des erfolgreichen Terminalprogramms Telix

3.2 Spezielle Programme für Online-Dienste

Mit einem Terminalprogramm stehen Ihnen im Grunde genommen alle Abfahrten des Datenhighways zur Verfügung. Sie können mit den zigtausend

Mailboxen in Deutschland und weltweit Kontakt aufnehmen, Sie können sich in professionelle Datenbanken einwählen - sofern Sie dort eine Zugangsberechtigung haben - und vieles mehr. Und trotzdem ist für viele spezialisierte Anwendungen das simple Terminalprogramm nicht der Weisheit letzter Schluß.

3.2.1 Zugang zu professionellen Datenbanken

So bieten z.B. professionelle Datenbanken meist eigene Zugangsprogramme an, die an die spezifische Struktur der Datenbank und die damit verbundenen Möglichkeiten zur Abfrage und zum Auffinden von Dokumenten angepaßt sind. Der englische Fachbegriff für solche Pakete ist Retrieval-Software bzw. Frontend, da sie sozusagen die für Sie sichtbare „Vorderseite" der Datenbank darstellt. Sie können zwar in aller Regel auch mit einem normalen Terminalprogramm in Datenbanken hereinkommen (wenn Sie den Zugang haben), müssen dann aber oft mit kryptischen und manchmal recht komplizierten Befehlen Ihre Suche dort durchführen.

Wenn Sie sich mit einem Datenbankanbieter in Verbindung setzen, um dort über Ihren Zugang zu verhandeln, dann wird er Ihnen in aller Regel auch gleich das passende Softwarepaket anbieten. Ein Angebot, daß sie sorgfältig prüfen sollten, denn meist ist der Zugriff mit diesen spezialisierten Anwendungen schneller, und damit sparen Sie die zusätzlichen Anschaffungskosten evtl. schon nach wenigen Recherchen wieder bei den Verbindungskosten ein.

3.2.2 Ein Manager für Compuserve

Nun wird es sich insbesondere für Freiberufler, Privatpersonen und kleine Firmen gar nicht lohnen, bei mehreren Datenbanken Mitglied zu werden. Hier bietet der kommerzielle Online-Dienst Compuserve zumindest ansatzweise Abhilfe. Über ihn sind auch zahlreiche kommerzielle Datenbanken gegen die entsprechende Gebühr zugänglich, aber Sie zahlen eben nur, wenn Sie auch wirklich recherchieren.

Compuserve ist ein außerordentlich umfangreicher und deswegen auch beliebter Dienst, dessen vielfältige Möglichkeiten über ein normales Terminalprogramm ebenfalls kaum zu nutzen sind. Deswegen bietet Compuserve eine spezialisierte Terminalsoftware an, den sogenannten CIM - Compuserve Information Manager. Seit einiger Zeit gibt es ihn auch als WinCIM für Windows sowie in speziellen Versionen für Apple Macintosh und seit neuestem auch für OS/2 (wo er sogar zum Lieferumfang gehört).

Mit den vielfältigen Möglichkeiten von Compuserve werden wir uns im Praxisteil (Kap. 4) ausführlich beschäftigen. Den CIM bekommen Sie von Compuserve z.B. auf Bestellung zugeschickt, meist mit einer Benutzergutschrift verbunden. In vielen Computerzeitschriften finden sich mittlerweile jedoch auch Verfahren, wie Sie mit einem normalen Terminalprogramm bei Compuserve anrufen - Einwahlknoten gibt es in mehreren Städten Deutschland - und dann den CIM mit Ihrem ganz normalen Terminalprogramm auf Ihren Rechner laden. Außerdem finden praktisch ständig irgendwelche Sonderaktionen von Compuserve statt - so lag den Datex-J-Unterlagen des Verfassers z.B. ebenfalls eine Diskette mit dem WinCIM bei - kostenlos versteht sich.

3.2.3 Pfadfinder im Internet

Im Internet gibt es ja, wie bereits erwähnt, keine zentrale Stelle, keinen Systemoperator, der ordnend und überwachend eingreift. So vielfältig, wie das Netz und seine Struktur ist daher auch die Softwareszene. Mit der wachsenden Beliebtheit des Internet auch für den „normalen" Computernutzer, beginnt sich eine entsprechende Softwarelandschaft erst langsam aufzubauen.

Die Basis des Internet stellen drei große Bereiche dar: Die Usenet-Groups, Telnet und FTP. In den Usenet-Groups werden vor allem Diskussionen zu den verschiedenartigsten Themenbereichen abgewickelt, während Telnet für den direkten Zugriff auf einzelne Rechner des Internet gedacht ist. FTP schließlich, das File-Transfer-Protokoll ist die Vereinbarung, mit der im Internet Binärdateien versandt werden. In gewisser Weise als Zusammenfassung dieser Basisdienste und weiterer Möglichkeiten des Netzes stellt das World-Wide-Web WWW heute eine attraktive Möglichkeit der Internet-Nutzung dar. Hier werden moderne Verfahren der grafischen Benutzerführung und der Verkettung von verschiedenen Informationen angewendet, um die Fülle des Gebotenen sinnvoll nutzen zu können.

Für bestimmte Zwecke, wie z.B. den Empfang und das Senden von elektronischer Post oder die Teilnahme an den Usenet-Diskussionsgruppen, gibt es spezielle Softwarelösungen, die als Public-Domain-Software im Internet verfügbar sind. (Public-Domain-Software darf nicht nur - wie Shareware - frei kopiert werden, sie darf auch ohne Lizenzzahlungen genutzt werden).

Da diese Software meist direkt aus dem Internet bezogen wird, und dies den Zugang dazu voraussetzt, werden wir Details im Kapitel 4, das sich mit der DFÜ in der Praxis beschäftigt, besprechen. Für den ersten Kontakt mit dem Internet reicht dann auch ein ganz normales Terminalprogramm aus. Noch bequemer geht es auf dem Umweg über Compuserve, denn zumindest E-Mail, Usenet-Groups und FTP sind auch von dort aus bequem erreichbar.

Auf diese Weise können Sie dann auch in den Besitz einer Applikation geraten, die von vielen als „Killer-Applikation" für das Internet angesehen wird: „Mosaic". Dieses Programm, das für verschiedene Hard- und Softwareplattformen angeboten wird, u.a. auch für Windows, stellt eine komfortable Oberfläche für die Nutzung aller Möglichkeiten des WWW dar und ist für Privatpersonen und nicht-kommerzielle Anwendungen frei verfügbar (s. Kapitel 4)

3.3 Fax-Software

Eine der interessantesten Anwendungen der Datenfernübertragung auf dem PC ist sicherlich das Faxen. Sie können sich so die Anschaffung eines Faxgerätes ersparen und haben zudem den Vorteil, Ihre Briefe und Dokumente direkt aus dem PC an den Empfänger versenden zu können, ohne sie vorher auf Papier ausdrucken zu müssen.

Seit der Erfindung des Faxgerätes - das übrigens aus Deutschland stammt, obwohl die meisten Geräte heute aus japanischer Fertigung stammen - hat auch diese Medium zahlreiche Weiterentwicklungen mitgemacht. Diese Normen wurden überwiegend vom internationalen Normungsgremium für Kommunikationsgeräte, der CCITT erarbeitet. Standard sind heute Faxgeräte der sogenannten Gruppe III, die maximal Übertragungsgeschwindigkeiten bis 9600 bps erreichen. Daneben sind heute auch schon Geräte der Gruppe IV im Einsatz, die allerdings dem neuen digitalen Telefondienst der Post, dem ISDN-Netz - vorbehalten sind.

Mit den meisten Fax-Modems bzw. -Karten wird ein einfaches Softwarepaket mitgeliefert, daß es Ihnen ermöglicht, sowohl unter DOS als auch unter Windows Faxe zu versenden und - sollte das Modem das auch beherrschen - zu empfangen. Daneben gibt es aber im Handel auch umfangreiche und komfortable Softwarepakete, die es erlauben Faxe zu versenden, zu empfangen, Deckblätter zu entwerfen und die Fax-Sendungen zu verwalten. Darüber hinaus können Sie Ihre eigenen Fax-Telefonbücher anlegen und so eine wirklich komfortable Arbeitsumgebung schaffen. Und um Geld zu sparen können Sie mit vielen Fax-Programmen auch automtisiert zeitversetzt senden. Sie bestimmen tagsüber, welche Dokumente an welchen Empfänger gesandt werden sollen, und das Fax-Programm erfüllt diese Aufträge ohne Ihr zutun zum Mondscheintarif während der Nacht.

Ein solches Softwarepaket ist beispielsweise WinFaxPro von der Firma Delrina, das eine Fülle von Optionen und Funktionen bietet. Vor allem die vorbereitete Deckblattsammlung läßt auch Fax-Absender mit ausgefallenem Geschmack auf ihre Kosten kommen.

Beim Faxempfang ist der Weg in die Textverarbeitung hinein leider nicht so einfach. Ein Fax wird nämlich ausschließlich als Grafik abgesendet und natürlich auch so empfangen. Wenn Sie solch ein empfangenes Fax-Dokument anzeigen, ist es also nichts anderes als ein aus vielen Punkten zusammengesetztes Bitmap-Bild. Wenn Sie z.B. einen Brief per Fax bekommen, können Sie den also nicht ohne weiteres in eine Textverarbeitung einlesen und weiterverarbeiten. Es muß vielmehr - wie auch bei eingescannten Vorlagen - erst das Grafikbild wieder in eine für die Textverarbeitung lesbares Format umgewandelt werden. In WinfaxPro ist eine solche ocr-Software enthalten (ocr steht für online character recognition).

Dieser Nachteil hat aber auch eine gute Seitel: Wenn Sie z.B. eine kleine Grafik in Ihren Rechner einlesen wollen, sich dafür aber die Anschaffung eines Scanners nicht lohnt, können Sie sich diese Grafik einfach in den Rechner faxen (z.B. aus dem Büro, wenn's der Chef erlaubt). Auf diese Weise können Sie beispielsweise Ihre eigenhändige Unterschrift als Grafikelement einem PC-Fax beifügen.

3.4 Datex-J (ex Btx)

Kennen Sie Btx? Mit dem Bildschirmtext wollte die deutsche Bundespost vor zehn Jahren ein ganz neues Medium einführen. Vom Fernseher aus sollten über die normale Telefonleitung beliebige Informationsdienste anwählbar sein, sollte der Geldverkehr mit der Bank abgewickelt und Reisen gebucht werden. Eine faszinierende Idee, doch das ganze entwickelte sich zum Flop. Zum einen war die Technik der Endgeräte nicht weit genug entwickelt, der PC noch kein Allgemeingut, zum anderen hatten es die Verantwortlichen versäumt, ihr Produkt richtig zu vermarkten. In Frankreich beispielsweise gab es für das Pendant zum deutschen Btx ein eigenes Bildschirm-Telefonterminal, das sogenannte Minitel. Dieses wurde den Endkunden zu einem Spottpreis übergeben, so daß der Dienst in Frankreich wesentlich mehr Verbreitung gefunden hat als hierzulande.

Mitte 1993 hat die Telekom nun einen Rettungsversuch für Btx unternommen, der zu funktionieren scheint. Das Kind bekam einen neuen Namen, heißt jetzt Datex-J (für Jedermann) und wurde wesentlich verbilligt und in seinen Möglichkeiten erweitert. Softwaredekoder, Modems und den Anschluß für Datex-J bekommen Sie derzeit schon für 50 bis 100 Mark, danach fallen monatliche Kosten von 8 Mark plus Telefongebühren an. (Bild 4)

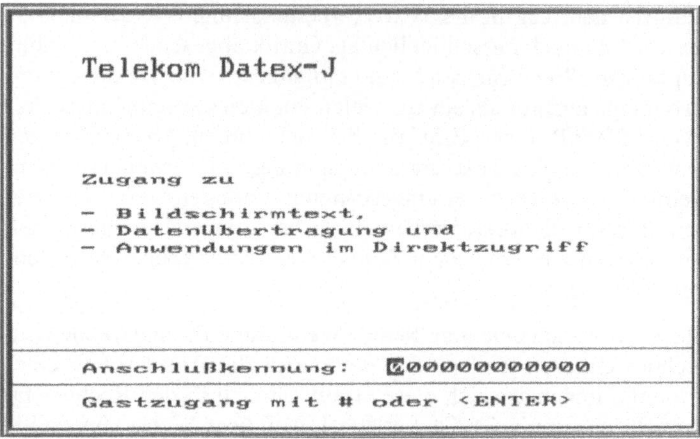

Bild 4: Btx auf dem PC, mit Datex-J ist auch das möglich.

Aber Achtung: Die Billigmodems für Datex-J sind oftmals für den normalen Datentransfer zu anderen Diensten und Mailboxen ungeeignet, dafür wird aber bei vielen „normalen" Modems mittlerweile auch die entsprechende Software für Datex-J mitgeliefert, so daß Sie die Dienste von Btx auch dann nutzen können. Die Crux an Btx ist nämlich, daß die Seitendarstellung dem sogenannten CEPT-Standard gehorcht. Wie der genau so aussieht, ist in diesem Zusammenhang uninteressant, wichtig ist nur, daß auf „normalen" Terminalemulationen eine Btx-Darstellung nicht möglich ist.

Besonders interessant ist Datex-J für alle, die ihre Geldgeschäfte mit der Bank gerne von zu Hause aus erledigen wollen. Praktisch alle wichtigen Banken bieten diesen (meist preiswerten) Service an und die beiden beliebtesten Softwarepakete für die private Buchhaltung (Quicken und MS-Money) unterstützen das Homebanking. Der Clou dabei: Quicken bietet Ihnen z.B. an, die Btx Anmeldung kostenlos vorzunehmen. Sie zahlen lediglich die 8 Mark monatliche Grundgebühr und natürlich die anfallenden Telefonkosten. Da Ihre Bank mit Btx allerdings auch nachts und am Wochenende für Sie geöffnet hat, hält sich dieser Posten in erträglichen Grenzen.

Wenn Sie Ihre Buchhaltung mit Quicken oder Money durchführen, dann haben Sie neben der Möglichkeit des Electronic-Banking übrigens auch einen vollwertigen Btx-Dekoder zu Hause, denn beide Programme lassen sich in ihren neuesten Versionen auch für alle anderen Angebote des Datex-J-Dienstes nutzen. (Welche das sind, erfahren Sie im Kapitel 4).

Natürlich gibt es auch reinrassige Softwaredekoder für Btx, die nichts anderes als spezialisierte Terminalprogramme für diesen Dienst sind. Eines der bekanntesten Pakete dieser Art ist „Datex-J und Btx für Windows" von der Firma Amaris. Immer häufiger wird mit einem Modem allerdings auch eine - meist einfache - Btx-Software angeboten, die zu ersten Spaziergängen im Dienst vollkommen ausreichend ist.

4 Praxis

Nun wollen wir uns endlich der Datenfernübertragung in der Praxis zuwenden und den ersten Kontakt mit einer Mailbox aufnehmen. Dazu bedienen wir uns der Einfachheit halber wieder des Terminal-Programmes aus Windows. Wenn Sie bereits im Besitz eines anderen Programmes sind, dann können Sie die Vorgänge natürlich sinngemäß auch damit durchführen, aber Windows-Terminal ist sozusagen der kleinste gemeinsame Nenner, und wenn Sie damit ersteinmal in eine Mailbox hineingeschnuppert haben, können Sie sich ja ein Terminalprogramm aus der Shareware-Szene auf Ihren Rechner laden. Natürlich können Sie für diese ersten Schritte auch die Software nutzen, die mit Ihrem Modem geliefert wird, alles weiter unten ausgeführte gilt dann sinngemäß.

4.1 Erste Schritte auf dem Datenhighway

Es gibt in Deutschland mittlerweile eine große Zahl von Mailboxen, von denen einige leider auch recht zweifelhafter Herkunft sind. Vom reinen Hackertreff bis zur Informationsbörse der rechtsradikalen Szene und dem Vertrieb digitalisierter Pornos ist da (leider) fast alles vertreten. Zudem ändert sich die Szene ständig und Mailboxen kommen und gehen schneller, als Modetrends. Für unseren ersten Versuch nehmen wir die Mailbox der Redaktion der VDI-Nachrichten, in der allwöchentlich die aktuellen Umweltdaten der Bundesrepublik Deutschland zum Download bereitstehen. Diese Mailbox hat die Nummer 0211-614815. Andere Mailboxadressen finden Sie monatlich in den einschlägigen Computerfachzeitschriften, aber auch im Handbuch Ihres Modems ist meist eine Auswahl abgedruckt. Über die "Haltbarkeit" dieser Daten: siehe oben.

4.1.1 Anwählen einer Mailbox

Beginnen wir also mit unserem ersten Streifzug. Dazu müssen Sie Windows-Terminal (oder besser gleich Ihr Wunsch-Terminalprogramm) starten. Bevor wir nun darangehen, die Verbindung herzustellen, müssen Sie zunächst die Modemparameter im Terminalprogramm richtig setzen. Rufen Sie den Menüpunkt EINSTELLUNGEN/DATENÜBERTRAGUNG auf. In dem dann erscheinenden Auswahlfenster (Bild 5) müssen Sie jetzt die die richtigen Übertragungsparameter setzen. Im Falle der VDI-Nachrichten-Box, probieren Sie es zunächst mit einer Übetragungsrate von 9600 bps (vorausgesetzt Sie haben ein High-Speed-Modem), 8 Datenbits, Keiner Paritätsprüfung, dem Hardware-Protokoll und 1 Stoppbit. Zusätzlich müssen Sie noch den richtigen COM-Port angeben, an dem Ihr Modem angeschlossen ist.

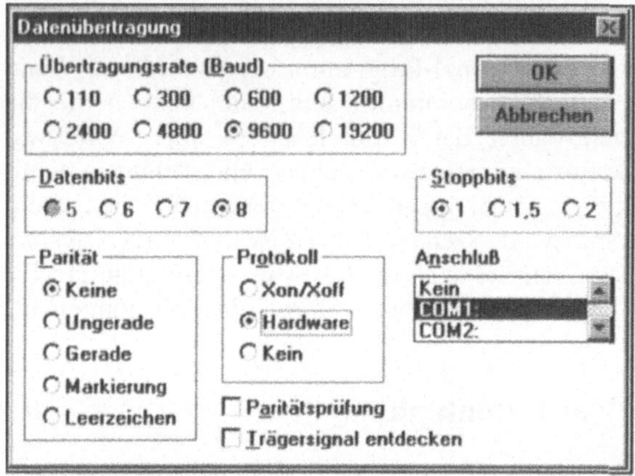

Bild 5: Einstellung der Modemparameter im Windows-Terminalprogramm.

4.1.1.1 Qual der Wahl - welche Parameter sind richtig?

Um Ihnen einen Überblick über die möglichen Einstellungen der Übertragungs- und Modemparameter zu geben, wollen wir die einzelnen Einstellungen Schritt für Schritt durchgehen. Der einfachste, weil bereits beim Start von Terminal eingegebene Parameter ist die serielle Schnittstelle, also der COM-Port, über den die Datenübertragung vom PC zum Modem stattfinden soll. Sie können diesen Parameter jedoch bei Bedarf auch in der Dialogbox abändern - wenn Sie z.B. die serielle Schnittstelle gewechselt haben.

Oben links sind eine Reihe von Knöpfen, sogenannte „Radio-Buttons" über die die Datenübertragungsrate eingestellt wird. Die Bezeichnung ist an die Bedienknöpfe alter Radios angelehnt: Dort konnte immer nur ein Knopf gedrückt sein, andere sprangen bei der Betätigung automatisch heraus. Und so ist es auch hier: Wenn Sie eine Übertragungsrate durch Mausclick aktivieren, sind die anderen automatisch deaktiviert. Wählen Sie in diesem Feld also die für Ihr Modem richtige Übertragungsrate aus.

Darunter sind drei weitere Felder, in denen es um die Einstellung des Formates geht, mit dem Ihr PC die Daten zum Modem schickt. Ausgewählt sind in Bild 5 die Werte: 8 Datenbit, 1 Stoppbit, keine Parität. Was bedeuten diese Werte?

Mit 8 Datenbit wird eingestellt, daß wirklich alle acht Bit eines Byte zur Datenübertragung verwendet werden. Damit ist prinzipiell die Übertragung von 256 verschiedenen Zeichen - also auch Umlauten - möglich. Es gibt auch Mailboxen, die lediglich 7 Bit zur Datenübertragung verwenden, dann reduziert sich der möglichen Zeichenumfang auf 128 verschiedene Zeichen. Im Fall von 7 Datenbit kann dann das verbleibende achte Bit zur sogenannten Paritätsprüfung verwendet werden. Ohne näher auf die Mechanismen einzugehen, wird es je nach den vorhandenen Daten zu null oder eins gesetzt und erlaubt so beim Empfänger eine Plausibilitätsprüfung der empfangenen Daten. Setzen Sie, wenn eine Parität gefordert ist, den Parameter auf den Wert, den die Mailbox verlangt - möglich sind vor allem die Werte gerade (even) oder ungerade (odd).

Mit den Stoppbits ist es wie mit dem Stop in guten alten Telegrammen: Sie markieren das Ende eines Datenabschnittes. Mögliche Werte sind hier (in Terminal) 1, 1,5 oder 2. Wie bereits erwähnt ist die heute weitgehend anzutreffende Einstellung für diese Übertragungsparameter 8/N/1 - also 8 Datenbit, No Parity, 1 Stoppbit.

4.1.1.2 Sie haben die Wahl...

Jetzt müssen Sie noch dafür sorgen, daß Ihr Modem auch die Nummer der Mailbox automatisch für Sie wählen kann. Rufen Sie dazu zunächst den Punkt EINSTELLUNGEN/MODEMBEFEHLE auf. Wieder erscheint ein Fenster mit verschiedenen Einstellungsmöglichkeiten (Bild 6). Dort müssen Sie für das Impulswahlverfahren, das in Deutschland an den meisten Telefonanschlüssen angewendet wird, folgendes eingeben:

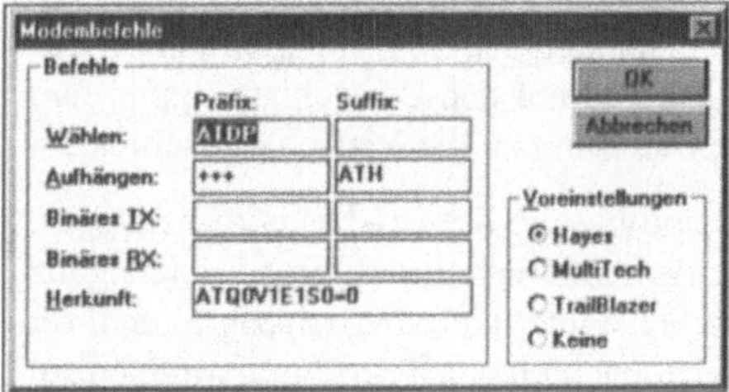

Bild 6: Einstellung der Modembefehle für die Impulswahl. Wichtig ist der Eintrag ATDP in der ersten Zeile.

Die Bedeutung der hier verwendeten Befehlssequenzen (Hayes- oder AT-Befehle) ist im Kapitel 5.2 erklärt. Wichtig ist in jedem Fall, daß Sie in Deutschland so gut wie ausschließlich das Impulswahlverfahren verwenden müssen, da erst wenige Vermittlungsstellen in der Lage sind, mit dem wesentlich komfortableren und schneller Mehrfrequenzwahlverfahren zu arbeiten. (Auch Tonwahl- oder Dialtone-Verfahren genannt).

Hinter der Bezeichnung „Herkunft" verbirgt sich eine Befehlssequenz, die als sogenannter Initialisierungsstring bezeichnet wird: Eine Reihe von AT-Befehlen, die beim Start von Terminal zum Modem gesandt wird. Auf die verschiedenen Möglichkeiten eines solchen Strings gehen wir im Abschnitt 4.3 noch genauer ein.

Jetzt müssen Sie nur noch unter EINSTELLUNGEN/TELEFONNUMMER, die richtige Telefonnummer, also 0211614815, eintragen und die vorgegeben Zeit für den Wählvorgang von 30 auf 60 Sekunden heraufsetzen. Die 30 Sekunden sind ein guter Wert für eine Tonwahl, da jedoch das Impulswahlverfahren wesentlich länger für den eigentlichen Wahlvorgang braucht, sollten Sie Terminal auch eine längere Zeitspanne für diesen Vorgang gönnen.

Nun können Sie endlich unter dem Menü TELEFON den Punkt WÄHLEN aktivieren. Ihre Modem müßte jetzt einige Geräusche von sich geben, die so ähnlich klingen, als ob Sie an einem alten Wählscheibentelefon wählen würden. Wenn dann ein Freizeichen ertönt, kommt nach kurzer Zeit ein hohes Piepsen - das ist das Meldezeichen des Modems der Mailbox - und nach einigen recht wüst klingenden Geräuschen zeigt Ihnen Windows Terminal an, daß eine Verbindung hergestellt wurde.

Was bei diesem Vorgang so alles zwischen den beiden Modems passiert, erfahren Sie später, jetzt ist es erst einmal wichtig, daß eine Verbindung zustande gekommen ist. (Sollte das nicht der Fall sein, und irgendein Problem auftreten, erfahren Sie im Kapitel 4.2, was unter Umständen schief gegangen sein könnte) Alles, was Sie nach dem Verbindungsaufbau auf den Bildschirm tippen und mit Return quittieren, wird über die Telefonleitung an die Mailbox geschickt.

Um sich anzumelden, reicht es meistens, einmal die Return-Taste zu betätigen, oder einen Punkt und dann Return einzugeben. Danach sollten Sie sich ganz den Anweisungen der Mailbox fügen, da diese jetzt die Abarbeitung aller Ihrer Tastaturangaben übernimmt. Meistens wird nach einem Begrüßungsbildschirm von Ihnen die Angabe eines Benutzernamens und eines Paßwortes abgefragt. Damit geben sich die registrierten Benutzer der Mailbox zu erkennen. Praktisch jede Mailbox hat jedoch auch einen sogenannten Gastzugang, wo Sie zunächst einmal herumschnuppern können - natürlich mit stark eingeschränkten Benutzerrechten.

Wollen Sie als Gast in eine Mailbox, dann reicht es im allgemeinen sowohl beim Benutzernamen, als auch beim Paßwort "Gast" einzutippen, bei englischsprachigen Mailboxen dementsprechend "Guest". Eine Hilfesystem wird Sie in aller Regel mit den wichtigsten Befehlen der Mailbox vertraut machen und Ihnen auch sagen, wie Sie sich bei Bedarf als ordentliches Mitglied der Mailbox anmelden können.

Im Falle der Mailbox der VDI-Nachrichten entfällt diese Anmeldung, da es dort vor allem darum geht, möglichst vielen Interessierten die vorhandenen Informationen verfügbar zu machen. Sie können dort auch als nicht registriertes Mitglied die vorhandenen Dateien herunterladen und z.B. eine Meldung hinterlassen, um zu signalisieren, daß sie da waren, oder um Anregungen und Verbesserungsvorschläge zu machen.

Wenn Sie sich aus einer Mailbox abgemeldet haben (je nach System mit den Befehlen Quitt, Tschüs, Stop oder Bye), sollten Sie falls es nicht selbsttätig geschieht im Menü TELEFON noch den Punkt AUFHÄNGEN anwählen, damit auch Ihr Modem die Telefonleitung wieder freigibt.

4.1.2. Diskussionsfreudig - der Anwahlvorgang

Nun wollen wir uns noch ein wenig mit dem beschäftigen, was während des Anwahlvorganges zwischen den beiden Modems abläuft. Akustisch haben Sie das ja ganz gut mitbekommen: Erst das Freizeichen, dann das Wahlgeräusch und danach erst ein hoher Pfeifton, dann andere Pfeiftöne und schließlich ein Rauschen, bevor die Verbindung stand, und der Lautsprecher sich abschaltete.

Was Sie da gehört haben, ist die Verhandlung zwischen den beiden Modems, die einer stabilen Verbindung vorausgeht. Das ganze muß man sich etwa so vorstellen: Ihr Modem hat gewählt und in der Mailbox läutet es dementsprechend. Das Modem der Mailbox wird nach einer bestimmten Anzahl von Klingelzeichen abheben und sendet das sogenannte Answer-Signal, es signalisiert also, „hier ist ein Modem bereit".

Auf dieses Signal reagiert Ihr Modem mit dem sogenannten Originate-Signal, das nichts weiter besagt wie: „ich habe verstanden, ich bin ebenfalls bereit". Und danach versuchen die beiden Modems sich dann über die Übertragungsgeschwindigkeiten und evtl. zu verwendende Verfahren zur Komprimierung und Fehlerkorrektur zu einigen. Je flexibler Ihr Modem bei solchen Verhandlungen reagieren kann (Näheres dazu im Modem Handbuch und im Abschnitt

4.2), desto wahrscheinlicher ist es, daß eine stabile Verbindung zustande kommt.

Diesen Verhandlungsvorgang, der je nach Modemtypen und Leitungsqualität mal kürzer, mal länger dauert, werden Sie bei jeder Datenverbindung erleben, die Sie über ein Modem herstellen. Deswegen sollten Sie auch niemals in dieser Phase des Verbindungsaufbaus auf die Lautsprecherrückmeldungen verzichten, selbst wenn diese gelegentlich nerven können. Haben Sie sich jedoch einmal an den Rhythmus des Verhandelns gewöhnt, erkennen Sie schon sehr frühzeitig, ob etwas mit der Verbindung nicht richtig klappt. In so einem Fall können Sie dann sofort Abbruch oder Auflegen anwählen, um es noch einmal zu versuchen.

4.1.3 Was tun in einer Mailbox

So, jetzt wissen Sie, wie man eine Mailbox anwählt und wie Sie dafür sorgen, daß eine ordnungsgemäße Verbindung zustande kommt. Doch was ist eigentlich eine Mailbox und was muß man beachten, wenn man sich in ihr zurechtfinden will.

Die Amerikaner bezeichnen Mailboxen auch als Bulletin Board System, Abgekürzt BBS. Und damit ist gleich ein wichtiger Aspekt einer solchen Mailbox angesprochen: Ihre Aufteilung in mehrere Abteilungen, je nach Geschmack als Postkörbe, schwarze Bretter oder eben Bulletin-Boards. Als Gast werden Sie wahrscheinlich nur wenige dieser Bretter einsehen können, aber für eine Orientierung reicht es allemal.

Auf diesen Brettern haben andere Computerbesitzer Briefe, Beiträge oder ganze Programme abgelegt, um Sie anderen Computerbesitzern zugänglich zu machen. Ordnende Hand in einer Mailbox ist ihr Betreiber, der sogenannte „Sysop". Dies ist eine Abkürzung für System Operator und der ist gewissermaßen der Chef in der Mailbox. Wundern Sie sich nicht, wenn dieser Sysop gerne etwas über Sie erfahren möchte. Viele Mailboxen werden von Vereinen oder interessierten Einzelpersonen betrieben, die darüber auch den Gedankenaustausch mit Ihnen, den Mailboxnutzern pflegen möchten.

Natürlich brauchen Sie bei einem ersten Gastzugang nicht gleich Ihre Lebensgeschichte auszubreiten, aber wenn Sie höflich begrüßt werden, sollten Sie auch höflich antworten. Gerade in den Abendstunden - dann sind die Datenreisenden besonders aktiv - kann es Ihnen auch passieren, daß sich ein Sysop direkt mit Ihnen in Verbindung setzt. Die meisten Mailboxen und Terminalprogramme bieten eine sogenannte Chat-Funktion. Darüber kann eine direkte Verbindung vom Sysop zu einem der eingewählten Teilnehmer geschaltet werden und alles, was dann auf der einen wie der anderen Seite auf den Bildschirm getippt wird, erscheint sofort beim anderen Teilnehmer. Sie haben damit das Pendant zum normalen Telefongespräch.

Wenn Ihnen das Angebot einer Mailbox attraktiv erscheint, dann lassen Sie sich dort als Benutzer registrieren. Meistens bekommen Sie als Neuling noch nicht die vollen Privilegien - z.B. haben Sie nur limitierte Online-Zeiten, aber mit der Zeit rutschen Sie auf der Prioritäten-Leiter nach oben.

Keinen guten Eindruck macht es im übrigen, wenn Sie als Neuling in einer Mailbox gleich mehrere MByte Programme herunterladen (falls Sie das mit Ihrer Benutzerstufe überhaupt dürfen) und sich ansonsten schweigsam verhalten. Mailboxen - zumindest die privaten, nicht kommerziellen - beruhen auf Gegenseitigkeit und alle registrierten Teilnehmer sind sicher interessiert, wer denn da neu in ihren Kreis hinzugekommen ist.

4.2 Probleme bei DFÜ und deren Behebung

Nachdem Sie nun Ihre ersten Gehversuche in einer Mailbox gemacht haben, sollen im Folgenden einige der Problempunkte angesprochen werden, die beim Anwählen einer solchen Box auftreten können. Es werden dabei aber nur die häufigsten, und damit auch die wahrscheinlichsten, Fehler angesprochen. Leider sind in einer so komplexen Technologie, wie sie die DFÜ mit ihren zahlreichen zueinander leider inkompatiblen Normen darstellt, keine allgemeingültigen „Rezepte" zur Fehlerbehebung zu geben, wir können also lediglich Hinweise anführen, wo Sie den Fehler u.U. zu suchen haben.

Eine Grundregel dabei ist jedoch: Arbeiten Sie mit einem gängigen Terminalprogramm und dem Modem eines Markenherstellers an einer ordnungsgemäß installierten Fernmeldeanlage, dann haben Sie schon einige potentielle Problempunkte ausgeschaltet. Exotische Modems - womöglich ohne BZT-Zulassung an handgestrickten Telefonanschlüssen - das kann funktionieren, aber die Fehlermöglichkeiten potenzieren sich.

4.2.1 Das Modem reagiert auf keinen Befehl

Wenn Ihr Modem gar nicht reagiert, nicht wählt und auch nach dem Befehl AT nicht OK zurückmeldet, dann stimmt die Verständigung zwischen PC und Modem nicht. prüfen Sie daher bei einem externen Modem zunächst die Kabelverbindungen. Ist das Verbindungskabel richtig eingesteckt und festgeschraubt und handelt es sich um ein korrektes serielles Schnittstellenkabel?

Wenn ja, dann prüfen Sie, ob der Rechner Ihr Modem am richtigen COM-Port vermutet, bzw. ob evtl. ein Interrupt-Konflikt vorliegen kann. Das ist auch die häufigste Fehlerursache bei internen Modems: Entweder versucht die Software das Modem am falschen Com-Port zu adressieren oder aber die Modem-Karte ist auf den falschen Port bzw. den falschen Interrupt konfiguriert. Denken Sie auch daran, daß Sie einen evtl. bereits eingebauten COM-Port deaktivieren müssen, wenn Sie ihn für ein internes Modem verwenden wollen.

Und noch ein Tip, wenn das externe Modem nicht reagieren will: Manchmal wird auch nur schlicht vergessen, es einzuschalten. Am besten besorgen Sie sich eine Steckdosenleiste mit eingebautem Schalter. Dort können Sie nicht nur PC, Monitor und Drucker, sondern auch das Modem anschließen und alles mit einem gemeinsamen Schalter ein- und ausschalten.

4.2.2 Der Anwahlvorgang wird unterbrochen

Reagiert das Modem auf Befehle des Terminalprogrammes, aber wählt es nicht korrekt, dann gibt es verschiedene Fehlermöglichkeiten.

Wird gar kein Wahlvorgang eingeleitet, dann prüfen Sie ob der Initialisierungsstring, den das Terminalprogramm zum Modem sendet korrekt ist. Im Zweifelsfall probieren Sie es einmal mit der einfachen Befehlsfolge ATZ - also einem simplen Reset. Komplizierte Initialisierungsstrings (z.B. um Datenkompression etc. zu nutzen, sollten Sie nur anwenden, wenn Sie deren Bedeutung und korrekte Anwendung im Handbuch des Modems genau nachgeschlagen haben, da diese Befehle je nach Modemhersteller etwas anders verwendet werden können.

Der nächste Punkt den Sie prüfen sollten: Verwendet das Terminalprogramm bzw. das Modem das richtige Wahlverfahren. Wenn Sie zum Beispiel im Initialisierungsstring Ihr Modem per ATP fest auf Pulswahl eingestellt haben, aber das Terminalprogramm sendet ATDT als Anwahlbefehl, dann wird trotzdem im Tonwahlverfahren gearbeitet, und das kann die Mehrzahl der deutschen Vermittlungsstellen nicht verstehen. Also: Wenn es nicht klappt, Anwahlstring immer auf ATDP einstellen.

Wenn Sie Ihr Modem an einer Nebenstellenanlage angeschlossen haben, müssen Sie auch die richtigen Wahlvorgänge einfügen, um an eine Amtsleitung zu kommen. Dazu muß z.B. entweder eine 0 vorgewählt oder die Erdtaste (> vor der Telefonnummer eingeben) gedrückt werden. Sie sollten dann im Anwahlstring unbedingt ein W einfügen, damit das Modem auf den Amtsleitungston wartet. Evtl. ist es auch nötig, dem Modem vorher im Initialisierungsstring mitzuteilen, keinen Wählton abzuwarten (AT X1), da die Nebenstellenanlagen intern meist andere Zeichen benutzen, als das Telefonnetz.. Ein enstprechender Wahlstring würde dann z.B. lauten: ATDP >W0211614815. Schalten Sie in jedem Fall den Lautsprecher des Modems nicht per Befehl aus, damit Sie den korrekten Wahlvorgang akustisch überprüfen können.

Wenn das Modem nicht wählt, dann kann es auch daran liegen, daß es keinen Wählton erkennt, z.B. weil von einem am gleichen Anschluß angeschlossenen Telefonapparat gerade telefoniert wird. Oder der TAE-Stecker steckt nicht richtig in der Dose bzw. diese ist falsch angeschlossen. Der Telekom-Techniker schließt diese Dosen an den Klemmen 1 und 2 an.

Beachten Sie, das jede nachgeordnete Dose abgeschaltet wird, wenn in einer davorliegenden ein Fernsprecher (F-codiert) eingesteckt wird. Auch daran kann es liegen, wenn Ihr Modem keinen Wählton erkennt. Und bei Auslandsverbindungen sollten Sie die Wählverbindung sicherheitshalber einmal mit einem Telefon ausprobieren, Sie erfahren dann am schnellsten, wo beim Wählen Pausen zu machen, bzw. neue Wähltöne abzuwarten sind.

Das gleiche sollten Sie auch machen, wenn das Modem zwar wählt, aber keine Verbindung zustande kommt. So erfahren Sie am schnellsten, ob am anderen Ende der Leitung wirklich ein Modem, oder vielleicht nur ein leicht genervter - weil mehrfach gestörter - Telefonbesitzer den Anruf entgegennimmt. Ein Modem meldet sich immer mit einem Pfeifen, ähnlich einem Faxgerät.

Und noch ein Hinweis: Das Signal, daß die von der Telekom gelieferten Gebührenzähler steuert, kann die Datenübertragung empfindlich stören. Bestellen Sie also am besten den Gebührenzähler ab, wenn Sie einen solchen auf dem Modem-Anschluß beantragt haben, bzw. probieren Sie zunächst einen höheren Wert im S-Register 10.

4.2.3 Probleme beim Verbindungsaufbau

Ist die Verbindung bis zu diesem Punkt korrekt zustande gekommen, aber dann geht es nicht weiter, dann kann es sein, daß sich die beiden Modems nicht vertragen, daß ihre Verhandlungen über das korrekte Übertragungsverfahren nicht erfolgreich sind. Manchmal weigert sich z.B. ein Modem standhaft, auf eine niedrigere Übertragungsgeschwindigkeit zurückzuschalten.

Sie können in solchen Problemfällen Ihre Chancen dadurch erhöhen, daß Sie Ihrem Modem im Initialisierungsstring die größtmögliche Flexibilität bei der Verbindungsaufnahme ermöglichen. So sollten Sie z.B. niemals die Verwendung eines Fehlerkorrektur- oder Kompressionsverfahrens erzwingen, sondern den entsprechenden Befehl wählen (s. Modemhandbuch) der auch Verbindungen ohne Korrektur und Kompression erlaubt. Sonst bekommen Sie nämlich nur mit den Modems Kontakt, die über genau die gleichen Verfahren verfügen.

Sie können auch mit den Zahlenwerten in den S-Registern 7 und 9 experimentieren, die den Zeitablauf beim Erkennen des Trägersignals steuern. Setzen Sie sie aber in jedem Fall nach Ende der Übertragung wieder auf die Ursprungswerte zurück. Über die Inhalte der wichtigsten S-Register informiert Abschnitt 5.2.

4.2.4 Keine oder nur unvollständige Datenübertragung

Haben Sie die korrekte Verbindung zu einer Mailbox erhalten und sehen dann nur noch „Müll" auf dem Bildschirm, dann haben Sie evtl. die falschen Übertragungsparameter eingestellt. Die meisten Mailboxen arbeiten mit 8N1, also 8 Datenbit, No Parity, ein Stoppbit, es gibt aber auch Boxen und Dienste, die mit anderen Einstellungen angewählt werden müssen.

Wenn zwischen dem „Müll" auch sinnvolles auf dem Bildschirm erkennbar ist, dann kann es sein, daß die Mailbox eine andere Terminaleinstellung erwartet. Probieren Sie dann einfach verschiedene von Ihrem Programm unterstützte Terminalemulationen aus. Am meisten Erfolg werden Sie entweder mit der Einstellung VT100 (ein einst sehr verbreitetes Datenterminal der Firma Digital Equipment) bzw., ANSI-BBS haben.

Leitungsstörungen können natürlich ebenfalls die Ursache von Datenmüll sein, dieser tritt dann aber meist zufällig und keinesfalls während der gesamten Übertragung auf. Vor allem in Nebenstellenanlagen, kann das ein Problem sein, da die Übertragungsqualität dort bisweilen sehr stark schwankt. Aber auch internationale Telefonverbindungen können schon mal so schlecht sein, daß es besser ist, aufzuhängen und die Anwahl erneut zu starten.

Wenn eingegebene Zeichen doppelt erscheinen, haben Sie sowohl am Terminalprogramm wie am Modem die Echo-Option aktiviert. Modemseitig wird sie mit ATE0 abgeschaltet, im Terminalprogramm gibt es eine entsprechende Option.

Wenn Dateiübertragungen stattfinden sollen, so versuchen Sie wo immer möglich das ZModem-Protokoll zu verwenden. Es gibt Ihnen die größtmögliche Sicherheit und kann auch abgebrochene Übertragungen an der Unterbrechungsstelle wieder aufnehmen. In Telix werden Sie z.B. ständig über die übertragene Blockgröße informiert und haben so ein gutes Indiz für die Leitungsqualität. Sinkt die Blockgröße während der Übertragung stark ab, liegt garantiert irgendein Problem auf der Leitung vor.

Bei schnellen Dateiübertragungen sollten Sie in jedem Fall das Hardware-Handshake verwenden. Mit dem Software-Handshake (XON/XOFF) kommen Sie an dieser Stelle nicht weiter, das sollten Sie nur dann verwenden, wenn langsame Datenraten ausreichen und z.B. die entsprechenden Hardwaresignale nicht zur Verfügung stehen. Bei einer korrekten seriellen Verbindung darf das aber eigentlich nicht der Fall sein.

4.2.5 Probleme beim Beenden der Verbindung

Probleme beim Auflegen kann es dann geben, wenn Ihr Modem das DTR-Signal nicht erkennt. Schauen Sie einmal im Modem-Handbuch nach, ob der Befehl AT&D das verhalten bezüglich dieses Signals regelt. Ansonsten könnte es auch sein, daß sie ein billiges Verbindungskabel zwischen Modem und Computer einsetzen, daß die betreffende Leitung nicht unterstützt.

4.2.6 Hilfreiche Leuchtzeichen

Als Besitzer eines externen Modems haben Sie den Vorteil, daß es eine Reihe von Lämpchen bzw. Leuchtdioden (LED) gibt, die Ihnen Auskunft darüber geben, mit welcher Tätigkeit das Modem gerade beschäftigt ist. Diese LED haben bei den verschiedenen Modemherstellern gelegentlich unterschiedliche Funktionen und Bezeichnungen. Am Beispiel des Hayes Smartmodem soll die Funktion dargelegt werden. Insgesamt sind acht LED vorhanden, die mit den Buchstaben MR, TR, SD, RD, OH, CD, AA und HS gekennzeichnet sind.

Die LED MR steht für „Modem ready" und leuchtet stets auf, wenn das Modem eingeschaltet und zur Übertragung bereit ist. Beim Selbsttest bzw. einer Diagnose blinkt sie.

TR steht für „Terminal ready", diese Anzeige signalisiert, daß ein Terminal-ready-Signal an der seriellen Schnittstelle anliegt.

SD und RD stehen für „send Data" und „receive Data", sie leuchten jeweils dann auf, wenn Daten zwischen Modem und Rechner ausgetauscht werden.

OH steht für „off Hook" und signalisiert, daß eine Verbindung zur Telefonleitung besteht, der „Hörer abgehoben" ist.

CD bedeutet „Carrier detect" und signalisiert, daß ein gültiges Signal vom Modem der Gegenstelle empfangen wird.

AA signalisiert den „Auto-Answer-Modus". Dann ist das Modem bereit, auf hereinkommende Anrufe selbständig zu reagieren.

HS steht für „High-Speed" und leuchtet auf, wenn das Modem mit hoher Übertragungsgeschwindigkeit betrieben wird.

Bei Problemen mit der Datenübertragung sind vor allem die LED für OH und CD interessant. An Ihnen können Sie z.B. erkennen, ob überhaupt eine Verbindung zustande gekommen ist.

4.3 Zweiter Kontakt mit einer Mailbox

In Kapitel 4.1 ging es uns vor allem darum, einen ersten Kontakt mit dem Medium Mailbox und den Möglichkeiten eines Terminalprogrammes herzustellen. Wenn Sie aber intensiver in den elektronischen Postkästen herumstöbern möchten, dann sollten Sie auch wissen, wie Sie die vielfältigen Fähigkeiten Ihres Modems und Ihres Terminalprogrammes nutzen können. Deswegen werden wir in den folgenden Beispielen auch nicht mehr mit dem Windows Terminalprogramm arbeiten, sondern mit dem Terminalprogramm Telix. Es sollte Ihnen aber leichtfallen, die Ausführungen auch auf andere Terminalprogramme zu übertragen, die ähnliche Konfigurationsmöglichkeiten besitzen. Wichtig ist vor allem, daß das Programm in der Lage ist, das ZModem-Protokoll zu benutzen.

4.3.1 Konfiguration des Terminalprogrammes

Bei der Einstellung der Kommunikationsparameter, die in Telix z.B. mit dem Befehl ALT-P zu erreichen ist, sind für eine optimale Verbindung noch weitere Einstellungen zu treffen, als bei unserem Erstkontakt beschrieben. Wenn wir beim Beispiel von Telix bleiben, wird dort zunächst die aktuelle Konfiguration angezeigt, also z.B. „Aktuell: 38400,N,8,1,COM1". Das bedeutet, das Modem ist an COM1 angeschlossen, arbeitet mit 8 Daten- und einem Stoppbit, keiner Parität und einer Datenrate von 38400 bps.

Jetzt werden Sie wahrscheinlich stutzen, da Ihr Modem normalerweise höchstens 14400 bps an Übertragungsleistung besitzt. Doch damit ist der Wert gemeint, der über die Telefonleitung maximal übertragbar ist. Damit die Bits und Bytes, die in diesem Tempo auf die Telefonleitung gehen (und bei Datenkompression können das ja auch noch deutlich mehr sein), muß die Übertragungsrate zwischen Rechner und Modem - und um die geht es in der Terminalkonfiguration - deutlich höher eingestellt werden. Wenn z.B. die Kompression nach V.42bis möglich ist, laufen die Daten vom PC zum Modem vier mal so schnell, wie auf der Telefonleitung. In unserem Beispiel gehen wir von 9600 bps auf der Leitung aus und setzen daher die Datenrate auf 38400 bps.

Wenn Sie in einem komfortablen Terminalprogramm eines der vorkonfigurierten Modems auswählen, dann werden diese Einstellungen automatisch für Sie richtig getätigt. Suchen Sie in der Modemliste (z.B. in Telix für Windows) einfach Ihr Modem aus. Finden Sie es nicht in der Liste, wählen Sie den Typ „Generic" und dann die Protokolle und Geschwindigkeiten, die Ihr Modem unterstützt.

Sie haben dann noch die Wahl unter den verschiedenen Werten für Daten- und Stoppbits sowie die Paritätsprüfung, aber hier ist in den meisten Fällen 8/N/1 die richtige Einstellung. Fordert der von Ihnen gewünschte Online-Dienst oder eine Datenbank andere Parameter, können Sie diese hier einstellen. (In Telix ist es aber auch möglich, diese Werte im Telefonverzeichnis zu speichern und so eine Konfiguration zu treffen, die nur für eine spezifische Telefonnummer gilt.)

Damit sind wir beim Einstellen der Modem und Wahlparameter. Das wichtigste Instrument, um hier Höchstleistungen aus Ihrem Modem herauszuholen, ist der sogenannte Initialisierungsstring, der z.B. lautet: „Initialisierungsstring: AT &D2 E1 Q0 S0=0 V1^M" Dieser Eintrag bewirkt, daß beim Starten des Terminalprogrammes die Befehle AT &D2, AT E1, AT Q0, AT S0=0 und AT V1 an das Modem gesendet werden. Das ^M bedeutet soviel wie „Return" und schließt diese Eingabe ab. Da alle Befehle in einer Zeile stehen, braucht auch nur einmal AT angegeben zu werden.

Was die Befehle im einzelnen bedeuten, finden Sie z.T. in der Befehlsliste im Anhang, aber bei den erweiterten Befehlen auch im Handbuch Ihres Modems. Diese erweiterten Befehle (z.B. durch &, % oder / eingeleitet) unterscheiden sich nämlich von Modem zu Modem geringfügig. Sie sollten generell an diesem Initialisierungsstring nur dann manipulieren, wen Sie schon ein bißchen Erfahrung im Umgang mit Modems und Terminalsoftware gesammelt haben, denn bei falschen Einstellungen kommt im Zweifelsfalle gar keine Übertragung mehr zustande.

Wenn Sie allerdings den richtigen Modemtyp aus einer Vorgabeliste ausgewählt haben, dann werden Sie hier auch den für alle Eventualitäten richtigen String finden. Die weiteren Einstellungen, die z.B. in Telix unter diesem Menüpunkt (ALT-O) möglich sind, erklären sich nun wieder fast von selber, wenn Sie die AT-Befehlsliste des Anhangs zur Hilfe nehmen. (Tabelle 6)

Die Möglichkeit, verschiedene Wahlpräfixe einzugeben, also sowohl Puls als auch Tonwahl durchzuführen, kann Ihnen helfen, wenn Sie nicht wissen, ob Ihre Vermittlungsstelle die Tonwahl unterstützt. Geben Sie für den ersten Präfix die Tonwahl, den zweiten die Pulswahl an und für beide Wahlversuche die gleiche Telefonnummer. Kommt dann beim ersten Versuch keine Verbindung zustande, versucht es Telix beim zweiten mal mit der Pulswahl. Natürlich können Sie auch verschiedene Rufnummern für ein- und dieselbe Mailbox angeben, wenn diese über verschiedene Amtsleitungen erreichbar ist. Ist auf einer Leitung besetzt, versucht es Telix automatisch danach auf der zweiten (oder dritten) Leitung.

Tabelle 6: Einstellmöglichkeiten der Modem- und Wahlparameter in Telix:

B - Anwahlpräfix 1	ATDP
C - Anwahlpräfix 2	ATDT
D - Anwahlpräfix 3	ATDT
E - Anwahlsuffix	^M
F - Verbindung erfolgreich	CONNECT
G - Verbindung erfolglos	NO CARRIER, BUSY, DIAL LOCKED, NO DIALTONE
H - Verbindung abbrechen	~~~+++~~~ATH0^M
I - Automatische Rufannahme	ATS0=1^M
J - Wahlabbruchstring	^M
K - Max. Anwahlzeit	90
L - Pause vor Wahlwiederholung.	1
M - Autom. Baudratenerkennung	Aus
N - Verb. abbrechen mit DTR .	Ein

4.3.1.1 Terminalemulation

Ebenfalls von einiger Bedeutung ist die Einstellung der richtigen Terminalemulation. Sie wählen damit gewissermaßen aus, als welches einer Reihe von Bildschirmgeräten sich ihr PC präsentiert. Da die verschiedenen Terminals, die diesen Emulationen zugrunde liegen, unterschiedlich Fähigkeiten haben, sind auch die Möglichkeiten der einzelnen Emulations-Modi verschieden.

Eine der heute beliebtesten und meistverwendeten Emulationen ist das sogenannte ANSI-BBS. ANSI ist ein amerikanisches Normungsgremium (ähnlich unsrem DIN) und BBS steht für Bulletin-Board-System, also Mailbox. Dieses Terminal ist spezielle für den Umgang mit Mailboxen entwickelt worden und unterstützt zahlreiche Formen der Textmanipulation und -darstellung. (z.B. verschiedene Farben, blinkender Text etc.)

Eine andere beliebte Emulation ist das VT100-Terminal, das ursprünglich von der Firma Digital Equipment entwickelt wurde. Diese Terminalemulation ist z.B. von Bedeutung, wenn Sie sich in das Datex-J (Btx)-Netz einwählen, um dort auf der Seite *1010# in das Datex-P-Netz überzuwechseln. Dies geht nur mit einer VT100-Terminalemulation innerhalb des Btx-Dekoders.

Umgekehrt können Sie allerdings den vollen Leistungsumfang von Btx nur nutzen, wenn Ihr Terminalprogramm einen eingebauten Btx-Dekoder hat (wie z.B. ProcommPlus) oder speziell dafür programmiert wurde, wie z.B. Amaris.

Ebenfalls bei den Terminalemulationen findet sich - neben verschiedenen anderen Terminals, die Sie nur auswählen sollten, wenn die gewünschte Mailbox das erfordert - auch das sogenannte RIP-Script. Dies ist ein neues Verfahren, das zur Übertragung hochauflösender Grafiken geschaffen wurde, und dann auszuwählen ist, wenn die anzuwählende Mailbox ebenfalls RIP-fähig ist.

Die einfachste Terminalemulation verbirgt sich hinter den Buchstaben TTY für „Teletype - Fernschreiber". Diese Emulation sollten Sie immer dann auswählen, wenn Sie mit anderen Einstellungen keinen Erfolg haben, bzw. nur „Kauderwelsch" empfangen.

4.3.2 Transportunternehmen: Upload und Download

Mit den bisherigen Informationen aus den Kapitel 4.1, 4.2 und 4.3 sollten Sie nun eigentlich schon in der Lage sein, mit praktisch jedem Terminalprogramm und jedem Modem eine Verbindung zu einer Mailbox aufzubauen und die dort gespeicherten Informationen zu lesen. Dabei findet jedoch nur simple Textübertragung statt. Die Mailbox sendet Buchstaben Byteweise an Ihren Rechner und die Terminalemulation sorgt dafür, daß diese lesbar und an der richtigen Stelle auf Ihrem Bildschirm erscheinen.

Mehrfach wurde jedoch schon darauf hingewiesen, daß es möglich ist, ganze Programme und Dateien aus einer Mailbox heraus zu laden, bzw. dort hineinzuschreiben. Die Begriffe dafür heißen „Download" - aus der Mailbox auf Ihren Rechner laden - und „Upload" - von Ihrem Rechner in die Mailbox schreiben. Die Begriffe gehen davon aus, daß die Mailbox etwas „höheres" ist, also hierarchisch über Ihrem Rechner steht. Und genaugenommen stimmt das auch, denn der Sysop der Mailbox bestimmt letztlich, was seine „Kunden" lesen und laden dürfen und was nicht.

Wenn Sie in einer Mailbox den Bereich gefunden haben, in dem Dateien und Programme zum Download bereitstehen, dann werden wieder die bereits beschriebenen Protokollfragen interessant. Idealerweise beherrscht sowohl Ihr Terminalprogramm als auch die Mailbox das ZModem-Protokoll. Dann aktivieren Sie in der Mailbox den Download und geben auf Anfrage die gewünschte Datei an. Alles andere geht fast wie von selbst: Die Mailbox beginnt mit dem Senden der Datei und dank des ZModem-Protokolls fängt Ihr PC automatisch an, die Datei zu empfangen und legt Sie unter ihrem Namen in einem sogenannten Download-Verzeichnis ab. Dieses ist meistens vom Terminalprogramm vorgegeben, kann aber bei der Konfiguration auch individuell eingestellt werden.

Benutzen Sie eines der älteren Protokolle, dann müssen Sie nicht nur die Mailbox zum Senden der Datei auffordern sondern auch Ihrem Terminalprogramm mitteilen, daß es eine Datei empfangen soll. (Telix: ALT-R). Das Terminalprogramm fragt dann nach einem Dateinamen, wenn dieser durch das verwendete Protokoll nicht mitübertragen werden kann, und beginnt dann mit dem Download.

Beim umgekehrten Vorgang, dem Upload, ist die Sache mit ZModem wiederum am einfachsten. Sie sagen der Mailbox, daß sie eine Datei empfangen soll und mit der Angabe des Dateinamens wird diese entsprechende Datei aus dem Upload-Verzeichnis Ihres Rechners in die Mailbox geschrieben. Auch dieses Verzeichnis wird bei der Installation der meisten Terminalprogramme angelegt, kann aber auch nachträglich geändert werden. geben Sie einen vollständigen DOS-Pfad an, können Sie natürlich Dateien aus jedem beliebigen Verzeichnis Ihres Rechners Uploaden.

In Windows-gestützten Terminalprogrammen ist dieser Prozeß sehr ähnlich, aber die Auswahl der Dateien geht dank der Dateiauswahlboxen natürlich wesentlich einfacher, als in der guten alten DOS-Umgebung.

4.4. Komprimieren so weit es geht

Daß Dateien bei der Versendung über Telefonleitung komprimiert werden, haben wir schon bei der Besprechung einzelner Übertragungsstandards erfahren. Je nach den Fähigkeiten Ihres Modem und der jeweiligen Mailbox können so schon ganz ansehnliche Datenmengen pro Sekunde durch das Telefonkabel laufen. Und trotzdem: Den echten DFÜ-Freaks kann das nie schnell genug gehen, da große Dateien lange Sendezeiten haben und die Verbindung dann dementsprechend teuer kommen kann.

Deswegen gibt es eine Reihe von Komprimierungsprogrammen, die große Dateien schon vor dem Versand auf möglichst kompaktes Maß schrumpfen, sozusagen jedes überflüssige Bit herauspressen. Dateien, die so behandelt wurden, erkennen Sie z.B. an der Dateiendung .ZIP oder .ARC. Sie wurden mit den bekannten Kompressoren PKZIP und ARC bearbeitet und zu Ihrer Dekomprimierung bedarf es der geeigneten Dekompressionsprogramme. Diese sind in vielen Mailboxen als Shareware erhältlich und jede Mailbox, die komprimierte Files versendet, wird auch die entsprechende Dekompressionsoftware liefern können.

Eine Sonderstellung nehmen die sogenannten „selbstentpackenden Archive" ein. das sind Dateien, die mit .EXE enden, also als ausführbare Programme erkannt werden. Ruft man Sie aus DOS (oder dem Windows DOS-Fenster) auf, werden die darin komprimiert enthaltenen Dateien entpackt und als einzelne Dateien auf der jeweiligen Festplatte abgelegt. Üblicherweise erkennt man eine solche Archivdatei daran, daß sie ein Ausrufungszeichen in ihrem Namen hat. So ist z.B. die Datei Karte!.EXE aus der VDI-Nachrichten-Mailbox ein solches selbstentpackendes Archiv, daß mehrere Darstellungen der wochenaktuellen Umweltkarte und die dazugehörenden Zahlenwerte beinhaltet.

4.4 Datex-J - Telefonbuch, Fahrplan und mehr

Datex-J oder Btx ist eine kostengünstige Variante, in die große weite Welt der DFÜ einzusteigen. Lange fristete dieser Postdienst ein Schattendasein mit wesentlich weniger Teilnehmern als erwartet. Ein relativ mageres Angebot, langsame Übertragung und die unkonventionelle Bedienung verbunden mit den Kosten waren die Gründe dafür. Dann machte die Telekom einen erfolgreichen Wiederbelebungsversuch und taufte Btx in Datex-J (J für Jedermann) um, einen Datendienst der für jeden erschwinglich sein sollte.

Zu Hilfe kam Ihr dabei natürlich die Tatsache, das seit den ersten Tagen des Btx nun der PC seinen Siegeszug in Haushalten und Büros angetreten hatte. Im PC fand sich ein wesentlich besseres und komfortableres Datenendgerät, als im Fernseher, der zunächst als Btx-Terminal verwendet wurde.

Aus den Fernsehtagen ins Datex-J-Zeitalter hinübergerettet wurde jedoch der arg Klotzige Bildschirmaufbau - TV-Auflösung ist eben nicht Super VGA - und die etwas exotisch anmutende Bedienung. Doch das soll sich in naher Zukunft ändern. Ein Firmenkonsortium arbeitet an eine Windows-orientierten Benutzeroberfläche für Datex-J, die dann sicherlich für weitere Furore sorgen wird.

Bei der Preisgestaltung des Datex-J-Dienstes wurde dem Jedermann-Charakter schon Rechnung getragen: Die einmalige Anmeldegebühr kostet 50 Mark (und wird teilweise vom Modemhersteller oder einigen Softwarefirmen übernommen), die laufende monatliche Grundgebühr beträgt dann 8 Mark plus die jeweiligen Telefongebühren. Erreichbar ist Datex-J aus fast jedem Ortsnetz der Telekom mit der bundeseinheitlichen Rufnummer 01910

Interessant ist Datex-J nicht nur wegen des mittlerweile recht umfangreichen Dienstleistungsangebotes, sondern auch wegen der Möglichkeit, von dort aus in andere Datennetze zu wechseln. So erreichen Sie beispielsweise das Angebot von Compuserve über die Btx-Seite *550706# (Zum Format dieser Seitenangaben später). Diensteanbieter können auch ihren eigenen Datex-J-Zugang schaffen und Ihnen damit den Umweg über Btx ersparen und außerdem ist über das Datex-J Netz auf der Seite *1010# der Übergang ins Datex-P-Netz möglich. Sie ersparen sich damit einen separaten Datex-P-Anschluß, wenn Sie dieses Netz z.B. für Datenbankabfragen nutzen wollen. Die entsprechenden Datex-P-Gebühren werden Ihnen natürlich belastet.

Die einzige Begrenzung bei dieser Art der Kommunikation ist die Übertragungsgeschwindigkeit im Datex-J-Netz: Mit 2400 bps (V.22bis) ist dort derzeit das höchste der Gefühle erreicht, es sei denn man wählt sich über eine ISDN-Karte ein, dann kann man voll digital mit 64 kbps kommunizieren. Mit der wachsenden Verbreitung von ISDN wird diese Möglichkeit in Zukunft sicherlich immer interessanter. Doch auch für den normalen Modemzugang soll Datex-J im Laufe des Jahres in vielen Städten mit höheren Datenraten erreichbar sein.

4.4.1 Unverbindlich - Gast bei Datex-J

Um einen ersten Orientierungsgang in Btx durchzuführen, brauchen Sie sich noch nicht einmal bei der Telekom anzumelden, wie jede anständige Mailbox hat auch Datex-J einen Gastzugang. Starten Sie also Ihr Btx-fähiges Terminalprogramm oder den Btx-Dekoder (bzw. wählen Sie eine VT100-Emulation) und wählen Sie sich mit 01910 in den nächsten Datex-J-Knoten ein. Um mögliche Einstellungen im Programm für einen automatisierten Zugang brauchen Sie sich dabei im Moment nicht zu kümmern, denn Sie wollen sich ja nur als Gast einloggen und haben daher weder eine Benutzerkennung noch ein Paßwort.

Wenn die Modemverbindung zum Datex-J-Rechner hergestellt ist, erscheint eine Begrüßungsseite für den Zugang. Als Gast geben Sie in der Paßwortzeile einfach # ein oder drücken die Return-Taste. Nun erhalten Sie die Übersicht der Seiten, die Ihnen als Gast im Btx-Dienst zur Verfügung stehen. Zugegeben, viele sind das nicht, aber es soll ja auch nur ein erster Orientierungszugang sein.

Die wichtigsten Befehle und Seiten sind in der folgenden Tabelle 7 zusammengefaßt, beachten Sie aber bitte, daß einige davon nur sinnvoll sind, wenn Sie einen echten Btx-Zugang besitzen. Wie Sie diesen beantragen können, wird aber auch gleich beschrieben werden.

Tabelle 7: Wichtige Btx-Befehle (Auswahl)

Befehl	Funktion
#	Eine Seite weiterblättern
*#	Eine Seite zurückblättern (maximal 5)
*0#	Btx-Gesamtübersicht aufrufen
*00#	aktuelle Seite erneut aufbauen
*027#	Zum Anfang des nächsten Eingabefeldes springen
*029#	Dateneingabe auf aktueller Seite beenden
*03#	auf nächsthöhere Übersichtsebene springen
*1#	Bedienungshinweise zum Btx-Dienst
*1010#	Übergangsseite zum Datex-P-Dienst
*103#	Schlagwortverzeichnis
*10391#	Verzeichnis der Sachgebiete
*1188#	elektronische Auskunft für Telefon, Telefax und Btx
*12#	Anbieterverzeichnis
*72#	prsönliches Kennwort ändern
*77#	Nutzungskennnwort ändern
*90#	Nutzungsdaten abrufen
*9#	Beenden der Btx-Sitzung

Spätestens jetzt müssen Sie sich mit der Bedienungsphilosophie von Btx vertraut machen, die ja noch aus einer Zeit stammt, wo man lediglich die Fernbedienung eines TV-Gerätes als Eingabemedium zur Verfügung hatte. Daher gibt es auch nur wenige Befehle im Klartext, fast alle wichtigen Aktionen werden über Ziffern und die Sondertasten * und # angewählt. Diese Tasten sind zu allem Überfluß im Btx auch noch mit anderen Zeichencodes belegt, als auf der Standard-PC-Tastatur, Sie müssen also in der Dokumentation Ihres Btx-Programmes nachschauen, ob die entsprechenden Tasten der PC-Tastatur nutzbar sind, oder ob z.B. zwei Funktionstasten mit dieser Aufgabe betraut wurden.

Wenn Sie also nun als Gast ein bißchen herumstöbern wollen (Bild 7), dann benötigen Sie im wesentlichen die #-Taste zum weiterblättern, wenn Sie eine der aufgeführten Startseiten für die zugänglichen Dienste aufgerufen haben. Wenn Sie sich dann mal im Dschungel der Seiten verheddert haben, kommen Sie mit *0# wieder in das allererste Hauptmenü zurück.

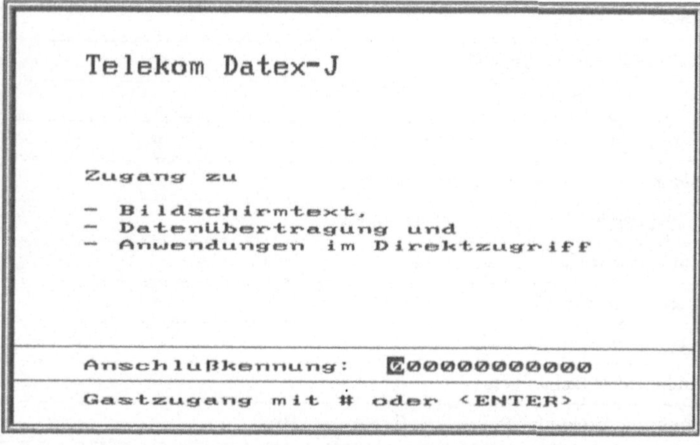

Bild 7: Begrüßungsseite für den Datex-J-Dienst. Als Gast genügt es, die Return-Taste zu drücken

Der für Sie interessanteste Punkt in en zugänglichen Seiten ist jetzt die Online-Anmeldung für den Datex-J-Dienst. Sie ersparen sich damit einen Weg zum Telefonladen und können Ihre Nutzerkennung hier direkt beantragen. Nach einiger Zeit sendet Ihnen die Btx-Zentrale dann Ihre Teilnehmerkennung und ein persönliches Kennwort zu.

Wollen Sie mit Ihrer Bank via Btx Telebanking betreiben, dann müssen Sie zusätzlich noch die Einrichtung eines Btx-Kontos dort beantragen. Das geht meist schnell und Problemlos - sie erhalten dann für Ihr ganz normales Giro-

konto eine PIN, eine Identifikationsnummer, wie Sie sie auch von der Scheckkarte her kennen, und eine Reihe von TANs, sogenannten Transaktionsnum-
mern, mit denen Sie via Btx ausgestellte Schecks und Überweisungen autori-
sieren können.

Mit der Anmeldung zum Datex-J-Dienst erhalten Sie außerdem ein umfangrei-
ches Bedienungshandbuch für diesen heute größten deutschen Online-Dienst.
Daneben gibt es eine Information darüber, was alles in Datex-J abrufbar ist.
Neben den Möglichkeiten, elektronische Post, Telegramme und Telefaxe zu
versenden, kommt da vor allem der elektronischen Fernsprechauskunft, der
Teleauskunft, eine große Bedeutung zu. Sie ist - in Anlehnung an die Rufnummer der Auskunft - auf der Seite *1188# zu erreichen und führt alle Tele-
fon- Fax und Btx-Anschlüsse, die auch in den entsprechenden Fernsprechbü-
chern enthalten sind.

Daneben sind eine Fülle von Firmen und Dienstleistungsanbietern über Datex-
J erreichbar. U.a. die Deutsche Bahn AG, bei er Sie z.B. Fahrplanauskünfte
und Platzreserveirungen online durchführen können, die Lufthansa und viele
Computerunternehmen. Einen besonderen, nicht unbedingt seriösen Ruf, hat
sich Datex-J auch durch das Angebot großer Porno-Verlage erworben. In groß-
formatigen Anzeigen wird Ihnen da der Kontakt zu den schönsten Damen und
Herren versprochen. Denken Sie aber bitte immer daran, daß der Aufruf dieser
Seiten z.T. mit erheblichen Verbindungsgebühren belastet wird und Sie wahrscheinlich niemals mit einem Menschen aus Fleisch und Blut, sondern eher mit
vorbereiteten Texten und Floskel Kontakt bekommen.

Das sollte Sie jedoch nicht davon abhalten, die sinnvollen Seiten von Datex-J
kennenzulernen, denn die Telekom ist durch bestimmte gesetzliche Auflagen
gezwungen, möglichst breiten Anbieterkreisen ihren Dienst zu öffnen. da ist
dann der mündige Bürger als Konsument gefordert, die Spreu vom Weizen zu
trennen.

4.5 Weltweite Kommunikation via Compuserve und Internet

Nun geht es in die weite Welt, denn mit Compuserve als Online-Dienst und
dem weltweiten Internet schrumpft für Sie der Globus auf PC-Größe zusammen: Wenn es Personengruppen gibt, auf die das Schlagwort einer „Global
Community" wirklich zutrifft, dann sind es die Mitglieder und Nutzer dieser
weltweiten Datendienste. Die „Amtssprache" dieses globalen „Dorfes" ist
Englisch und beim durchstöbern der vielen Diskussionsforen spielen nationale
Zugehörigkeiten und Unterschiede so gut wie keine Rolle mehr.

4.5.1 Erste Schritte in Compuserve

Wenden wir uns zunächst Compuserve zu, einem kommerziellen Dienst, der weltweit rund 2 Mio. Benutzer zählt. Im deutschsprachigen Raum sind die Zahlen vergleichsweise mager, aber die Wachstumsraten sind beachtlich. Bei Compuserve gibt es keinen Gastzugang, es kommen nur registrierte - und zahlende - Nutzer in den Dienst heran. Ein Compuserve-Starter-Kit, das neben der Software WinCIM auch viele Informationen und eine Benutzergutschrift über den Kaufpreis enthält (Zum komplizierten Compuserve-Preisschema später mehr), ist z.B. direkt bei der Münchener Niederlassung zu beziehen, wird aber im Rahmen von Werbeaktionen vielfach auch kostenlos ausgegeben.

Die Installation der WinCIM-Software ist problemlos und ein Dialog zur online-Anmeldung wird gleich mit auf die Festplatte kopiert. Die Angaben, die Sie hier tätigen müssen, sind schnell gemacht: Name, Anschrift, Bankverbindung oder Kreditkartennummer, und das wars. Danach müssen Sie noch die wichtigsten Parameter Ihres Modems eingeben, wobei die Unterstützung durch die Software kaum Probleme auftauchen läßt. Nach Abschluß der ganzen Prozedur wählt das Anmeldeprogramm automatisch den nächsten Compuserve-Zugang an und erledigt die Formalitäten.

Sie erhalten daraufhin eine Benutzerkennung, die in der Regel aus einer sechsstelligen und einer vierstelligen Zahl besteht, die durch ein Komma getrennt sind. Das ist Ihre Compuserve „Adresse" unter der Sie z.B. für elektronische Post erreichbar sind. Zusätzlich erhalten Sie ein Paßwort, daß Sie niemandem anvertrauen sollten, da ein illegaler Gast in Compuserve sonst auf Ihre Kosten nach Herzenslust einkaufen kann. Zunächst ist dieses Paßwort übrigens provisorisch, Sie bekommen das endgültige mit der Post zugeschickt und können dieses dann aus Sicherheitsgründen nach Ihren Bedürfnissen ändern.

Das Compuserve-Paßwort ist übrigens relativ lang, was einen nicht unerheblichen Sicherheitsgewinn für Sie bedeutet. Viele Computernutzer machen nämlich den Fehler, leicht zu erratende Paßwörter zu verwenden: Namen der Ehefrau, des Erstgeborenen oder des Hundes, Geburtstdatum u. A.. Für einen halbwegs motivierten Hacker sind das alles keine Hindernisse. Denken Sie sich ein ausgefallenes, langes Paßwort aus, in dem bei Compuserve auch Sonderzeichen stehen dürfen. Der CIM merkt sich dieses Paßwort verschlüsselt, so daß Sie es nicht immer wieder neu eingeben müssen, Sie sollten natürlich dafür sorgen, daß sich niemand illegal an Ihrem Rechner tummeln kann...

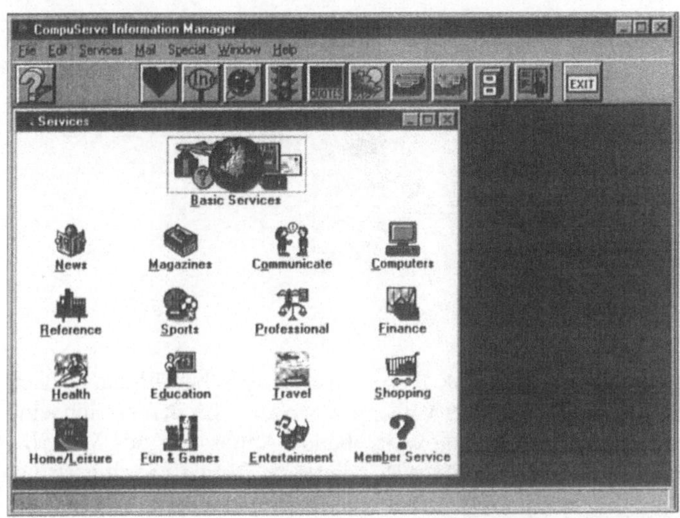

Bild 8: Startbildschirm des Compuserve Information Manager (CIM) für Windows

Wenn Sie nun im Besitz der Compuserve-Kennung und des Paßwortes sind, dann können Sie sich dem eigentlichen Compuserve-Frontend, dem WinCIM widmen, der fortan Ihre Bedieneroberfläche für alle Compuserve-Dienste sein wird. Im Gegensatz zu seinem DOS-Vorgänger präsentiert sich die Windows-version schon beim Start mit einer bunten Übersicht der wichtigsten Sachgebiete (Bild 8), die dann einfach per Mausklick erreichbar sind:

4.5.1.1 Konfiguration des CIM

Unter dem Menü „Spezial" erreichen Sie als ersten Punkt die Konfiguration für die Arbeitssitzung mit dem CIM. Bild 9 zeigt das Dialogfenster, das sich daraufhin öffnet. Hier tragen Sie (bzw. hat die automatische Anmeldung bereits eingetragen) Ihre User-ID und Ihre Paßwort ein und hier bestimmen Sie, mit welcher Geschwindigkeit die Verbindung zu Ihrem nächsten Compuserve-Knoten aufgebaut werden soll. Das zu verwendende Wahlverfahren wird hier ebenfalls festgelegt.

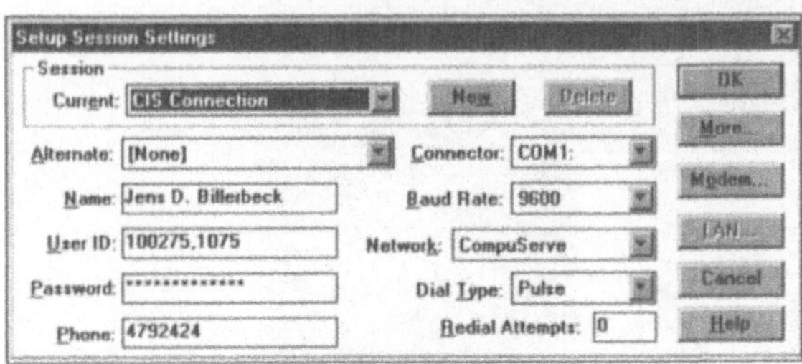

Bild 9: Konfiguration des WinCIM

Bevor Sie nun mit einem Klick auf OK diese Einstellungen bestätigen, klicken Sie einmal auf den Schalter mit der Aufschrift Modem. Es öffnet sich eine weitere Dialogbox (Bild 10), die eine weitgehende Anpassung des WinCIM an Ihr Modem erlaubt. Hier finden Sie z.B. wieder den Initialisierungsstring, mit dem alle wichtigen Modemeigenschaften vor Beginn einer Verbindung gesetzt werden können. Und hier werden auch die wichtigsten Befehlssequenzen und Modemrückmeldungen vorgegeben, damit der CIM ordnungsgemäß arbeitet.

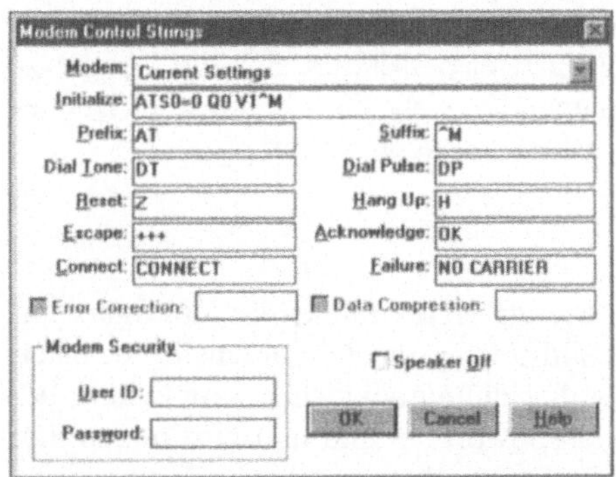

Bild 10: Modemparameter im WinCIM-Fenster

In der Regel ist Compuserve dank des verwendeten Übertragungsprotokolls sehr robust und selbst nächtelange Downloads verursachen keine Probleme - es sei denn beim Blick auf die Kreditkartenabrechnung.

4.5.1.2 Die Compuserve Foren

Eines der wesentlichsten Organisationsmerkmale des Compuserve-Dienstes ist die Einteilung in zahlreiche Foren, die wiederum nach bestimmten Interessensgebieten sortiert sind. Fast alle Angebot, die nicht spezielle Formen der Präsentation benötigen, finden sich in solchen Foren. Wenn Sie am Begrüßungsbildschirm (Bild 8) z.B. auf das Symbol „Computer" klicken, öffnet sich eine Auswahlliste mit den verfügbaren Forums-Gruppen. Wählen Sie dann z.B. Hardware aus, erhalten Sie eine neue Liste der Hardwareanbieter, die Foren in Compuserve unterhalten. Je nach Größe des Angebotes sind auch die Foren einzelner Firmen noch wieder weiter unterteilt.

Wenn Sie sich in ein Forum begeben, dessen Nutzung nicht zu den sogenannten Basic-Services gehört, also kostenpflichtig ist, erkennen Sie das an einem Pluszeichen nach dem Forumsnamen und werden zusätzlich beim Betreten diese Forums darauf hingewiesen, daß sie die Basic-Services verlassen. Bestimmte Angebote, wie z.B. Datenbanken, sind zusätzlich mit einem $-Zeichen gekennzeichnet, ein sicherer Hinweis darauf, daß es hier ganz besonders teuer wird.

Aber keine Angst: In den Basic-Services, die seit Februar 1995 deutlich ausgeweitet wurden und den etwas teureren Extended-Services finden Sie schon eine Fülle interessanter Angebote.

Sie müssen sich übrigens nicht immer umständlich durch den ganzen Menübaum der einzelnen Foren durchhangeln, wenn Sie genau wissen, wo Sie hinwollen. In der regelmäßig erscheinenden Compuserve-Zeitschrift sind viele interessante Foren mit ihrem Namen aufgelistet und die Liste ihrer bevorzugten Plätze können Sie außerdem im WinCIM speichern. Mit GO Forumsname kommen Sie dann schnell und gezielt zu Ihrem Forum. (Im WinCIM verbirgt sich der GO-Befehl hinter dem Symbol mit der grünen Ampel)

Nehmen wir einfach einmal ein Forum heraus, und zwar das der deutschen Microsoft-Niederlassung. Sie erreichen es mit GO MSCE bzw. indem Sie das Ampelsymbol einmal anklicken und dann MSCE eintragen und OK klicken. Nun wird der WinCIM mit dem nächsten Compuserve-Knoten (je nach Einstellung) Kontakt aufnehmen und das Übertragungsprotokoll abstimmen. Ist das geschehen, erhalten Sie zunächst ein Fenster mit den neuesten Informationen über Compuserve und werden dann sofort in das Microsoft-Forum Central-Europe weitergeleitet. Achtung: Dies ist bereits ein Extended-Service, kostet also zusätzliche Gebühren (rund 8 $ pro Stunde).

Aber wir wollen uns ja hier gar nicht lange aufhalten, sondern nur das Prinzip eines solchen Forums kennenlernen. Das MS-Forum haben wir deswegen ausgewählt, weil es für viele Computerbesitzer eine wichtige Quelle ist, wenn es darum geht neueste Hardware-Treiber für Windows zu bekommen und überhaupt „auf dem Laufenden" zu sein. Kommen Sie das erste mal in ein Forum, dann werden Sie zunächst von dessen Sysop begrüßt und gebeten, sich als Nutzer dieses Forums einzutragen. Wenn Sie diese Formalität zunächst scheuen, können Sie auch als Gast ein wenig herumstöbern, aber eine Eintragung als Forumsteilnehmer ist kostenlos und verpflichtet zu nichts.

Sind Sie dann einmal im Forum, dann präsentiert sich dieses so, wie auf Bild 11 dargestellt. Auf der rechten Bildschirmseite sind zwei Spalten mit Symbolen dargestellt, die die Dienste des Forums zugänglich machen. Grundsätzlich besteht jedes Forum aus den Mitteilungsbereichen, in denen Nachrichten und Briefe ausgetauscht werden, und den Bibliotheksbereichen, in den Dateien zum Download bereitstehen.

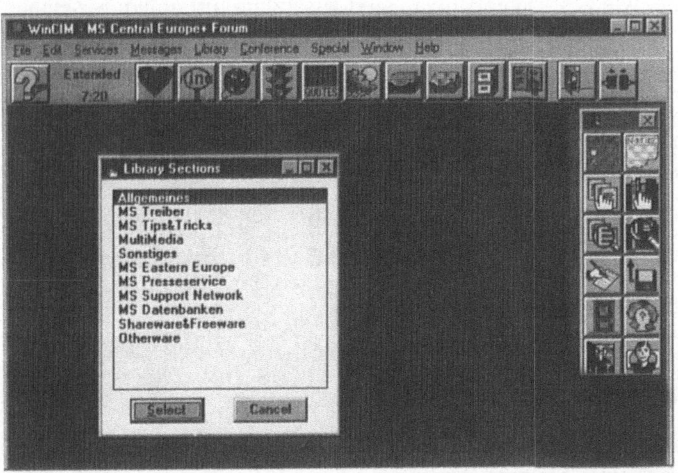

Bild 11: MS-Central-Europe-Forum in Compuserve. Rechts die Symbole für die einzelnen Forums-Dienstleistungen. Geöffnet ist das Fenster mit der Liste der einzelnen Bibliotheksbereiche.

Wenn Sie einmal auf das zweite Feld von oben in der linken Symbolspalte klicken, dann öffnet sich eine Liste mit den verschiedenen Themenbereichen, zu denen Nachrichten und Briefe vorhanden sind. Sie können hier mit einem Doppelklick auswählen und dann die gewünschte Nachricht sowie den dazugehörenden Briefwechsel direkt am Bildschirm lesen. Besser ist es jedoch, sie speichern die interessanten Meldungen, und lesen Sie erst, wenn Sie Compuserve wieder verlassen haben. Denn solange sie online sind, laufen Telefon- und Verbindungsgebühren weiter.

Die rechte Symbolspalte ist für die Bibliotheksbereiche zuständig. Auch hier gibt es zunächst eine Liste, die anzeigt, welche Sachgebiete zur Verfügung stehen. Wenn Sie sich das Angebot eines solchen Sachgebietes anschauen, finden Sie eine Fülle von Dateinamen, die alle mehr oder weniger aussagekräftig sind. Sie können jedoch durch einen Doppelklick auf diese Dateien eine Information erhalten, worum es im einzelnen geht. So erfahren Sie z.B. auch, ob für einen bestimmten Treiber oder ein Software-Update eine Datei oder mehrere Dateien geladen werden müssen.

Wollen Sie eine Datei auf Ihren Rechner laden, klicken Sie sie einmal an (aktivieren) und klicken dann auf Empfangen. Nun fragt Sie Compuserve nach einem Namen für die zu empfangende Datei, wobei Sie den dort gemachten Vorschlag einfach mit OK übernehmen können. Danach beginnt der Download, über dessen Fortschritt und Dauer sie mit einem Laufbalken ständig informiert werden.

Übrigens sind auch in Compuserve viele Dateien als selbstentpackendes Archiv, als ZIP oder ARC-Datei gespeichert. Und natürlich gibt es in Compuserve auch die dazugehörenden Entpacker. Diese finden sich im Bibliotheksbereich 2 „Library-Tools" des IBM-New-User-Forums, das mit GO IBMNEW erreichbar ist. Probieren Sie doch Ihr Glück dort direkt einmal aus...

Die IBM unterhält übrigens - wie andere Computer- und Softwarehäuser auch - eine Fülle verschiedener Compuserve-Foren. Eines der hilfreichsten ist dabei sicherlich der IBM-File-Finder, GO IBMFF. Hier können Sie die Bibliotheksbereiche aller Foren nach einem bestimmten File durchsuchen, wobei zahlreiche Suchkriterien es ermöglichen, auch nach recht vagen Begriffen zu forschen.

Ein dritter Bereich eines Forums ist die Diksussionsrunde. Hier können sich die zu einem Zeitpunkt gleichzeitig aktiven Forumsteilnehmer direkt über aktuelle Fragen „unterhalten". Viele Firmen veranstalten auch regelrechte Diskussionsabende (oder Nächte), in denen prominente Zeitgenossen den Compusurfern Rede und Antwort stehen. Um nur zwei Beispiele zu nennen: Sowohl US-Vizepräsident Al Gore, als auch Intel-Chef Andy Grove haben über dieses Medium schon mit zahlreichen Interessenten diskutiert.

4.5.1.3 Elektronische Post in Variationen

Besonders hilfreich ist so ein Forum, wenn Sie eine spezielle Frage zu einem Thema haben. Vor allem im Computerbereich sind es ja oft die kleinen Probleme im Umgang mit Soft- und Hardware, die einem das Leben schwermachen. Sie können sicher sein, in Compuserve binnen weniger Tage oder Stunden jemand zu finden, der das gleiche Problem wie Sie hat, und es vielleicht schon lösen konnte. Schreiben Sie in diesem Falle einfach eine Forums-Nachricht und lassen Sie sie allen, oder speziellen Mitgliedern dort zukommen.

Rufen Sie dazu im Menü „Post" den entsprechenden Eintrag auf und Sie werden die in Bild 12 gezeigte Eingabemaske sehen. Dort können Sie nun den Adressaten Ihrer Nachricht eintragen. Das kann entweder die Compuserve-Adresse eines Teilnehmers sein, der Ihnen aus den Schriftwechseln als besonders kompetent aufgefallen ist, einer der Sysops des Forums oder aber schlicht alle Teilnehmer. Letzteres ist vor allem bei kniffligen Fragen wahrscheinlich die beste Chance eine Antwort zu erhalten, Sie sollten diese Adressierungsart aber niemals wählen, wenn Sie u.U. vertrauliche Informationen versenden wollen.

In der ersten Zeile der Dialogbox geben Sie den Betreff an, diese Zeile wird dann in der Auflistung aller Forumsnachrichten angezeigt. Wählen Sie die dort einzutragende Aussage griffig und kurz aus, da Sie ja darauf angewiesen sind, daß ein freundlicher Mensch diese Nachricht liest und Ihnen antwortet. Vermeiden Sie es aber, allzu dick aufzutregen, denn wenn 25 Nachrichten in einem Form mit „Hilfe" oder ähnlichen Aufschreien beginnen, ist das auch nicht besonders interessant. Eine kurze Schilderung des Problems ist meist der beste Weg.

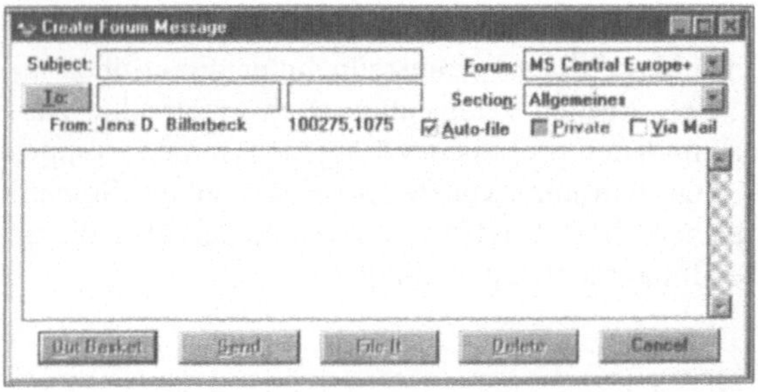

Bild 12: Verfassen einer Forums-Nachricht in Compuserve

Haben Sie Betreff und Adresse eingetragen, können Sie sich an das Verfassen des Textes machen. Auch hier gilt: Je kürzer, je besser, da das Laden langer Texte entsprechend teuer ist. Zitate aus anderen Messages können Sie ggf. mit einer spitzen Klammer (>) beginnen und vom übrigen Text absetzen. Und Emotionen drücken Sie am besten und kürzesten durch die im Anhang angegebenen Emoticons aus. :-)

Haben Sie die Nachricht fertig, vergessen Sie nicht, Ihren Namen darunter zu setzen, denn die Leser wollen ja wissen, wer sich da mit Ihnen in Verbindung setzt. Da Compuserve ein Dienst ist, der aus Amerika stammt, herrschen dort auch die angenehmen amerikanischen Umgangsformen vor. Man redet sich also üblicherweise mit dem Vornamen an. Und natürlich sollten Nachrichten, die nicht ausschließlich in deutschsprachigen Foren versandt werden, auch in Englisch abgefaßt sein. Englisch ist in der Computerei und damit auch der DFÜ die unangefochtene Weltsprache.

Mit dem Druck auf das Schaltfeld „Versenden" wird die Nachricht abgeschickt. Dazu wählt sich der WinCIM wieder bei Compuserve ein und bringt die Nachricht auf den Weg. Wenn Sie nichts anderes dort vorhaben, sollten Sie Compuserve danach sofort wieder verlassen, um Kosten zu sparen.

Hat ein anderer Compuserve-Nutzer auf Ihre Nachricht geantwortet, wird Ihnen das beim nächsten Einloggen in Compuserve mit einem Briefkasten in der Symbolleiste des WinCIM angezeigt. Sie können die Nachricht dann einfach durch den Klick auf dieses Symbol laden, speichern und dann Off-Line (Kosten!) lesen. Wenn Sie auf eine Nachricht oder eine Post reagieren wollen, so können Sie das Direkt tun, indem Sie das Feld „Beantworten" anklicken. Dann öffnet sich direkt wieder ein Nachrichtenfenster, indem aber der Adressat und der Betreff bereits korrekt eingetragen sind. So ist es ganz einfach, zu einem spezifischen Thema zu einem regen Gedankenaustausch zu kommen.

Natürlich lassen sich mit Compuserve neben reinen Forumsnachrichten auch echte elektronische Briefe verschicken. Auch hierfür gibt es einen entsprechenden Unterpunkt im Menü „Post". Das Dialogfeld dort sieht ganz ähnlich aus, wie das einer Forumsnachricht, nur daß die Zuordnung zu einem Forum natürlich entfällt und lediglich vorab die Angabe eines ein Adressaten gefordert wird. Sie können diesen direkt eingeben, oder einen entsprechenden Eintrag aus Ihrem persönlichen Compuserve-Adreßbuch auswählen. (Bild 13)

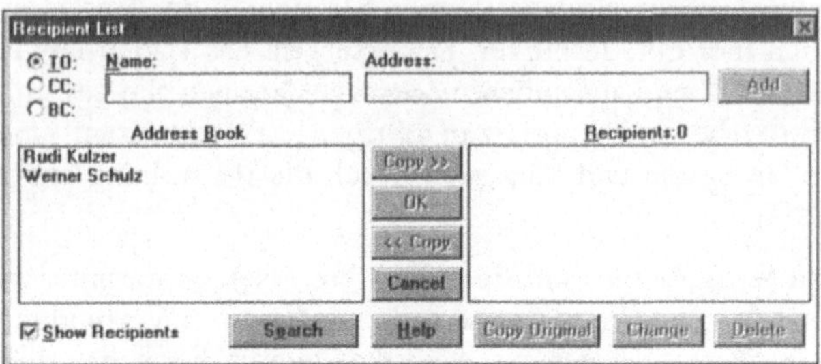

Bild 13: Adresseintrag auswählen für Compuserve-Mail

Erst wenn eine komplette Compuserve Adresse eingeben wurde, kann mit der Eingabe des Textes in die gewohnte Dialogmaske begonnen werden. (Bild 14). Wenn die Nachricht fertig geschrieben ist, kann Sie wie gewohnt direkt mit dem Schaltfeld „Versenden" abgeschickt werden. Auch hier wählt sich der WinCIM für diesen Vorgang automatisch bei Compuserve ein und schickt die Nachricht auf den Weg.

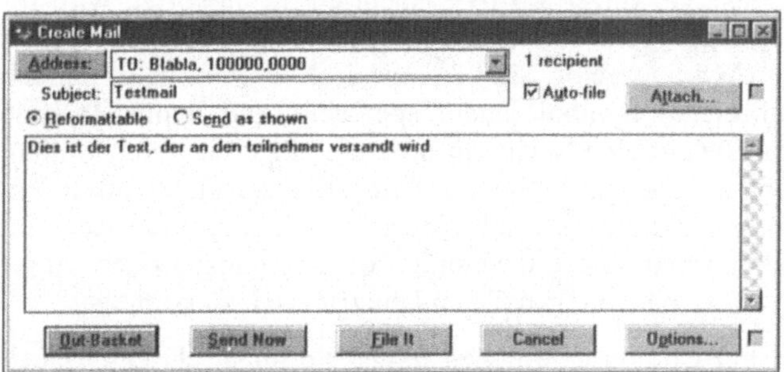

Bild 14: Verfassen eines elektronischen Briefes in Compuserve

Sie können übrigens per Compuserve auch Nachrichten ins Internet oder andere Netzwerke verschicken, genauso, wie sie von dort auch Post erhalten können. Wie das vor sich geht, wird im Abschnitt 4.6 beschrieben.

4.5.1.4 Dateien gehen auf die Reise

Als letzter Punkt unseres kurzen Streifzuges durch Compuserve, wollen wir uns noch kurz mit dem Versand ganzer Dateien beschäftigen, denn auch das ist bei Compuserve möglich. Der entsprechende Eintrag findet sich, sie werden es längst vermutet haben, ebenfalls im Menü „Post". Nach dessen Auswahl wird Ihnen nun vieles bereits bekannt vorkommen, denn auch beim Dateiversand muß natürlich erst einmal ein Adressat ausgewählt werden.

Doch zusätzlich müssen Sie in einer Dateiauswahlbox noch die Datei bestimmen, die Sie verschicken wollen. Damit das nicht so ganz kommentarlos geschehen muß, können Sie auch noch ein paar Zeilen zur Information mitschikken, um dem Empfänger z.B. mitzuteilen, was er mit der Datei anzufangen hat oder welches Format Sie besitzt. So können Sie z.B. formatierte Texte einer Textverarbeitungsprogrammes, aber auch Klänge oder Bilder komplett verschicken.

Wenn Sie eine Datei auf diese Art und Weise auf den Weg geben, dann informiert Sie Compuserve vor dem endgültigen Versand noch darüber, welche Kosten im Einzelfall anfallen. Meistens liegen diese deutlich unter 1 Dollar, aber wenn es zu teuer wird, haben Sie an dieser Stelle eine letzte Möglichkeit, den Versand abzubrechen.

4.5.1.5 Was Compuserve sonst noch bietet

Die Fülle des in Compuserve Gebotenen verblüfft immer wieder. So haben Sie schon in der Einführung gesehen, wie es auf einfache Weise möglich ist, Flugreisen, Hotels und Mietwagen per Compuserve zu buchen. In den verschiedenen Reiseforen finden Sie auch wertvolle Tips für reizvolle Urlaubsziele, wie z.B. einen Restaurantführer für San Francisco. Es lohnt sich, sich in all diesen Angeboten einmal umzuschauen.

Das elektronische Einkaufen via Compuserve ist vor allem für die Teilnehmer in den USA interessant, denn die meisten Anbieter haben dort ihren Sitz. In Deutschland ist da sicherlich das Angebot von Datex-J interessanter. Aber wer an den Vorgängen in der Welt interessiert ist, findet immer wieder interessante „Aufenthaltsorte" im weltweiten Netz.

Wollten Sie z.B. schon immer mal Bill Clinton Ihre Meinung zu aktuellen politischen Fragen sagen oder den genauen Text einer seiner Reden nachlesen? Mit GO WHITEHOUSE erreichen Sie das Forum des Weißen Hauses. Im Nachrichtenbereich dieses Forums finden Sie die Meinungen vieler US-Bürger zu den dort wichtigen Frage, im Bibliotheksbereich stellt die Pressestelle des Weißen Hauses wichtige Texte und Reden bereit (Bild 15)

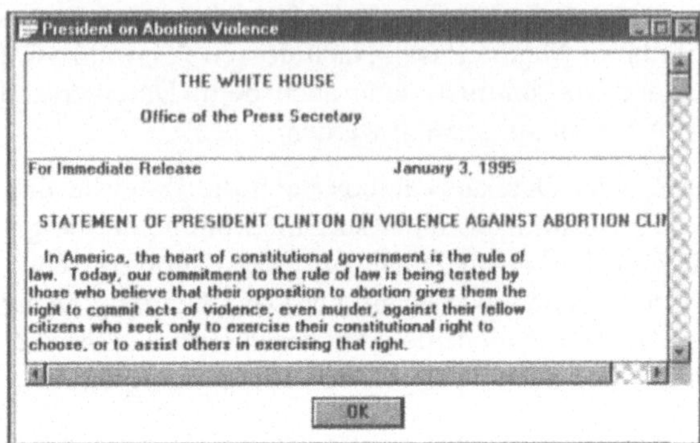

Bild 15: Redetexte direkt aus dem Weißen Haus

Eine andere Möglichkeit: Im Forum des deutschen Nachrichtenmagazins Spiegel können Sie die wichtigsten Themen der jeweiligen Ausgabe schon am Wochenende vorher lesen. Und auch die Nachrichtenagentur dpa ist mittlerweile in Compuserve vertreten. An Angeboten englischsprachiger Nachrichtendienste und Zeitschriften besteht ohnehin kein Mangel.

Wenn Sie sorgen haben, daß der ganze Spaß für Sie irgendwann zu teuer wird, können Sie in den Foren zur Mitgliederunterstützung ihren aktuellen „Kontostand" abfragen.

Das mag an dieser Stelle als Einführung in Compuserve genügen und Ihnen hoffentlich reichlich Anregung für weitere Streifzüge geben. Damit Sie dabei nicht von den Kosten überrascht werden, ist im Anhang eine kurze Übersicht der Compuserve-Gebühren gegeben, wie sie seit Anfang Februar gelten. Im folgenden Abschnitt wollen wir uns nun kurz dem Internet zuwenden um dabei auch noch einmal kurz auf Compuserve zurückzukommen. Die Nutzung des Internet über Compuserve ist nämlich eine durchaus interessante Alternative zu anderen Zugangsformen und wird stetig weiter ausgebaut.

4.5.2 Kopfüber ins Internet

Bereits mehrfach wurde in diesem Buch das Internet erwähnt, eines der größten und dennoch am schwersten greifbaren Computernetze der Welt. Im Gegensatz zu Mailboxen, wo die jeweiligen Sysops über ihre Dateien und Texte wachen und den Zugang regeln, ist das Internet ein eher anarchistisch aufgebautes Gebilde. Es gibt in diesem Netzwerk, das genaugenommen eine Verbindung vieler einzelner Netze ist, keine zentrale Instanz die ordnend oder regulierend eingreift.

Deswegen ist das Internet auch etwas grundlegend anderes, als Compuserve. Während letzteres ein kommerzielles Dienstleistungsunternehmen ist, das einen Mitgliedern gegen Gebühr Dienste und Informationen vermittelt und deren Inhalte überwacht, ist das Internet zunächst einmal nichts weiter als ein Kommunikationsmedium für verschiedene Rechner.

4.5.2.1 Wo bitte geht's zum Internet?

Wenn Sie selbst Anschluß zum Internet haben wollen, dann müssen Sie z.B. Zugang zu einem Rechner haben, der in einem dem Internet angeschlossenen Netzwerk hängt. Das ist z.B. in fast allen Hochschulen der Fall. Als Privatperson haben Sie auch die Möglichkeit, sich einer Mailbox anzuschließen, die einen Internet-Zugang hat oder Ihren Rechner selbst ins Netz einfügen. Letzteres ist aber eigentlich nur mit einem High-Speed-Modem oder ISDN-Anschluß sinnvoll, da im Internet wesentlich höhere Übertragungsraten gefragt sind, als bei reinen Modemverbindungen.

Für die Nutzer des Betriebssystems OS/2 bietet die IBM einen Internet-Zugang über Ihr Rechenzentrum an, andere Zugangsmöglichkeiten werden monatlich in den verschiedenen Fachzeitschriften publiziert, da das Internet derzeit auf einem Popularitätstrend ist. Wenn Sie sich einem solchen Anbieter anschließen kostet das natürlich eine monatliche Gebühr, die je nach Anbieter ca. 20 bis 50 Mark monatlich betragen kann. Den komfortabelsten Zugang bietet Ihnen eine sogenannte SLIP-Verbindung. SLIP ist wieder eines der amerikanischen Akronyme und steht für „Serial Line Internetworking Protocol". Mit so einer Verbindung ist Ihr PC ein echter Internet-Rechner mit eigenständiger Adresse.

Sie können sich vorstellen, daß eine solche Verbindung nicht einfach aufzubauen ist, da Sie z.B. eine spezielle Software benötigen um das im Internet verwendete Übetragungsprotokoll TCP/IP zu nutzen. Deswegen verzichten wir hier auch auf weitere Angaben, da Ihnen der gewünschte Anbieter bei diesem Vorgang helfend unter die Arme greifen wird.

Zwei einfache Möglichkeiten des Internet-Netzzuganges sollen dagegen beispielhaft erwähnt werden. Das eine ist der Zugang über Compuserve, das andere das Free-Net, ein Netzwerk, das Freikapazitäten des Erlanger Universitätsrechners nutzt und derzeit gebührenfrei ist.

4.5.2.2 Und wieder: Compuserve

Beginnen wir mit Compuserve. Hier haben Sie zunächst einmal die grundsätzliche Möglichkeit, jedem Internet-Teilnehmer elektronische Post zukommen zu lassen. Das geht fast so einfach, wie der Postversand in Compuserve und auch die Gegenrichtung ist gar kein Problem. Aber das ist natürlich noch kein echter Internet-Zugang.

Suchen Sie daher einmal das Forum Internet (GO INTERNET) auf. Hier bekommen Sie nicht nur wichtige Informationen, was das Internet ist, sie haben auch Zugang zu zwei ganz wichtigen Internet-Bereichen, den Usenet-Gruppen und dem FTP.

4.5.2.3 Diskussionsrunden im Usenet

Wählen Sie die Usenet-Gruppen, dann werden Sie erst einmal mit den Grundzügen der „Netiquette" vertraut gemacht. Das ist eine Sammlung von Benimm-Regeln, die sich die Internet-Gemeinde gegeben hat. Da im Internet kein Sysop an zentraler Stelle wacht und obszöne oder beleidigende Äußerungen entfernt und ahndet, ist ein hohes Maß an Selbstkontrolle der Diskussionsteilnehmer gefragt.

Tabelle 8: Hauptgruppen im Usenet

.comp	behandelt vor allem Computerthemen
.sci	scientific - diskutiert wissenschaftliche Themen
.rec	recreational - alles was der Unterhaltung und Erholung dient
.soc	social - behandelt soziale Themen
.news	Nachrichten über das Internet
.talk	die offene Diskussionsecke im Internet ohne spezielles Thema
.misc	miscanellous - verschiedenes

Haben Sie die Netiquette gelesen und quittiert, können Sie sich in einzelnen Newsgroups umschauen, und sollten dort zunächst einmal lesen, um sich an den spezifischen Stil zu gewöhnen. Vorher müssen Sie aber die interessanten Gruppen erst einmal ausfindig machen, was bei der Vielfalt der Themen gar nicht so einfach ist. Der Name einer Newsgroup - Internet-typisch aus verschiedenen durch einen Punkt getrennten Komponenten aufgebaut - gibt dabei erste Anhaltspunkt. Es gibt mehrere Hauptkategorien, die dann noch vielfältig weiter unterteilt werden, und deren wichtigste sieben in Tabelle 8 aufgeführt sind.

In einer dieser Gruppen (.comp.sys.intel) begann übrigens auch die Diskussion, die dann schließlich die weltgrößte Halbleiterfirma Intel dazu zwang, einen generellen Austausch der fehlerhaften Pentium-Prozessoren vorzunehmen.

Bild 16 zeigt, wie in der Compuserve-Umgebung eine der Newsgruppen ausgeählt werden kann. Wie Sie sehen, sind das bereits für den Sektor .comp mehrere hundert einzelne Gruppen.

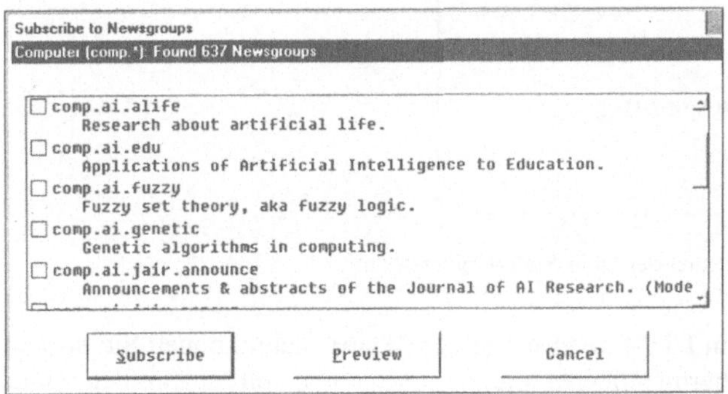

Bild 16: Ausschnitt aus der Liste der .comp-Newsgroups im Internet

4.5.2.4 Dateien aus aller Welt im Zugriff

Auch auf das File Transfer Protokoll können Sie aus Compuserve heraus zugreifen. Im Internet Forum wählen Sie dazu einfach FTP aus. Zunächst werden Sie dann von einer grafischen Benutzerführung übernommen, die Ihnen zahlreiche beliebte Zentralrechner anbietet, von denen Sie Dateien herunterladen können. Denn wie immer im Internet ist auch beim FTP das Problem: Sie müssen wissen, wo die gesuchten Informationen stehen.

Wenn Sie aus den angebotenen Rechnern einen auswählen, dann bietet Ihnen der Compuserve FTP-Zugang direkt die richtige Adresse an. Diese ist wie immer im Internet relativ kompliziert. Um sich in einem FTP-Server einzuloggen ohne daß Sie dort registriert sind, gibt es im Internet ein ganz besonderes Verfahren. Sie loggen sich unter dem Usernamen Anonymous - anonym - ein und geben als Paßwort Ihre Internet-Adresse an. Keine Angst, auch diesen Vorgang automatisiert Compuserve (Bild 17). Ihre Internet Adresse dort lautet übrigens User-ID@Compuserve.com, wobei das Komma in der User-ID durch einen Punkt ersetzt wird.

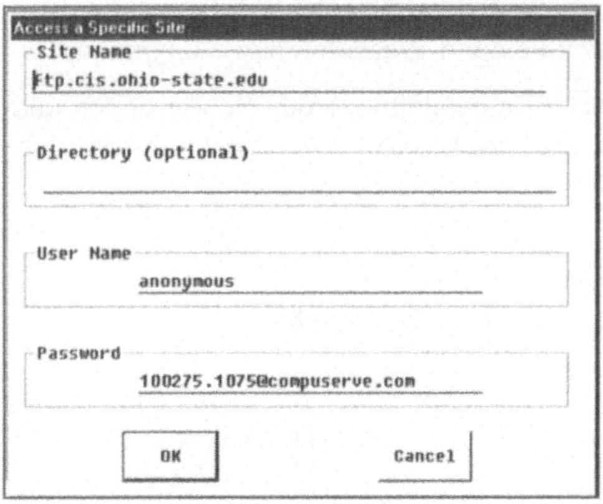

Bild 17: Einloggen im Rechner der Ohio-State-University mit FTP

Wenn Sie nun in einem FTP-Server eingelogged sind, dann können Sie dort in den Verzeichnissen herumstöbern, die der Allgemeinheit zugänglich sind. Compuserve stellt dazu eine Dateiauswahlbox zur Verfügung, in der Sie wie gewohnt mit der Maus durch die einzelnen Verzeichnisebenen wandern können (Bild 18). Gefällt Ihnen eine Datei, dann können Sie mit „Retrieve" den Download starten, der im Prinzip genauso abläuft, wie von Compuserve gewohnt. Dennoch haben Sie von einem Rechner aus dem Internet geladen.

Ein praktisches Beispiel: Im Rechner der NCSA, einer amerikanischen Organisation, gibt es die Windows-Version der WWW-Oberfläche Mosaic. Diese wollen wir uns herunterladen. Dazu müssen Sie in Compuserves FTP-Oberfläche den Schaltknopf „Special Site" anklicken. In der Dialogbox geben Sie als Rechnernamen „ftp.ncsa.uiuc.edu" ein und lassen Compuserve den Einloggvorgang durchführen. Danach wechseln Sie in das Unterverzeichnis \Web\Windows\Mosaic und finden dort „Mos20a8.exe" vor, die Sie per Downlaod auf Ihren Rechner holen können. A8 kennzeichnet die Version bei Redaktionsschluß dieses Buches, u.U. werden Sie eine andere Versionsnummer vorfinden.

Bei der Datei handelt es sich um ein selbstentpackendes Archiv, daß sie in einem separaten Unterverzeichnis auspacken sollten. Danach können Sie Mosaic für Windows installieren. Diese ganze Prozedur ist nur als Test gedacht, mit Mosaic können Sie genaugenommen nur etwas anfangen, wenn Sie einen direkten Internet-Zugang haben und außerdem mit Windows NT, Windows 95 oder den speziellen 32-Bit-Routinen für Windows 3.1 arbeiten. Aber auf die gleiche Art und Weise können sie jede verfügbare Datei aus dem Internet laden, wenn Sie deren Adresse kennen.

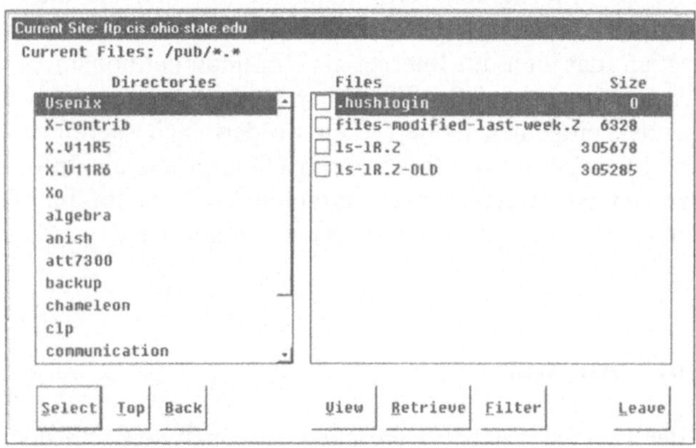

Bild 18: Dateiauswahlliste in einem FTP-Server.

4.5.2.5 Schnupperzugang über das FreeNet

Bestimmte Telnet und Gopher-Angebote (Gopher ist eine Internet-Software die Themenorientiert nach Texten und Dateien sucht) können Sie auch kostenlos über das Erlanger Free-Net nutzen. Dieses Netz wird an der Universität Nürnberg-Erlangen betrieben und stellt seine Dienste kostenfrei zur Verfügung. Zum Betrieb werden allerdings Spenden gerne entgegengenommen und entsprechende Bankverbindungen erfahren Sie online. Wenn Sie sich im Erlanger Zentralrechner unter der Nummer 09131/858111 eingewählt haben (bis V.32bis), können Sie zunächst einmal als Gast dort einsteigen (Username Gast, kein Paßwort). Mit CONNECT FREENET gelangen Sie dann ins Freenet, indem Sie sich ebenfalls als Gast in aller Ruhe umschauen können. Registrierungsformular sind dort ebenfalls online abrufbar und es fallen dafür nur Post- und Bearbeitungsgebühren von 5 Mark an. Dafür haben Sie dann Zugang zu verschiedenen Usenet-Gruppen des Internet und können auch Dateien per File-Transfer-Protokoll FTP laden.

Da das Internet keine zentrale Instanz kennt, ist es wie bereits erwähnt nicht ganz einfach, sich dort zurechtzufinden. Haben Sie die E-Mail-Adresse eines Geschäftsfreundes oder Kollegen, und sieht diese ungefähr so aus: Name@Rechner.Kürzel.de, dann ist dies eine gültige Adresse im Internet und sie können diesem Menschen Post schicken. Auf vielen Visitenkarten und Briefköpfen finden sich heute solche Adreßangaben.

Eine ganz neue Variante der Informationsvermittlung im Internet, die allerdings sehr Datenaufwendig ist, ist das sogenannte World-Wide-Web WWW. Es ist ein Hypertext-System, das sich des Internet als Kommunikatuionsmedium bedient. Im WWW sind Texte und Grafiken über Hypertexttechnologien verknüpft, Bezüge zwischen einzelnen Dokumenten werden nach sachlichen Gesichtspunkten hergestellt, während die Rechner im Hintergrund die Informationen auf den einzelnen Netzwerkrechnern zusammensuchen. Im Laufe dieses Jahres soll auch aus Compuserve heraus darauf zugegriffen werden können.

4.6 Compuserve ruft Internet

Im wesentlichen wird der Bereich der Elektronischen Post weltweit von drei Anbietern dominiert: Compuserve und MCI als kommerzielle Anbieter und das Internet als weltweit verfügbares Netzwerk. Über bestimmte Rechner, sogenannte Gateways sind jedoch alle diese Netze miteinander verbunden, und so können Sie sowohl von Compuserve aus E-mails ins Internet oder MCI-Mail verschicken, wie auch umgekehrt als Internet-Nutzer Mails an Compuserve-Teilnehmer verschicken

4.6.1 Von Compuserve ins Internet

Um Post von Compuserve aus an einen Teilnehmer im Internet zu verschicken, genügt es, im Adreßfeld den folgenden Code einzutragen:

>INTERNET:

Danach folgt ein Leerzeichen und dann die Internet Adresse des gewünschten Teilnehmers, die immer nach dem folgenden Muster aufgebaut ist:

name@rechner.kürzel.usw

Da es sich bei Internet-Rechnern in der Regel um Maschinen mit dem Betriebsystem UNIX handelt, ist die Groß- bzw. Kleinschreibung von entscheidender Bedeutung. Meist sind die Adressen klein geschrieben. Internet-Adressen in Deutschland besitzen als letztes Adreßfeld übrigens die beiden Buchstaben .de, Universitäten sind üblicherweise durch .edu gekennzeichnet.

Übrigens kann der Versand elektronischer Post von Compuserve ins Internet durchaus einige Stunden dauern. Konnte die Post nicht zugestellt werden, erhalten Sie eine dementsprechende Nachricht.

4.6.2 Vom Internet nach Compuserve

Um vom Internet Post an einen Compuserve-Teilnehmer zu versenden, müssen Sie dessen Teilnehmerkennung kennen. Diese besteht in Compuserve aus zwei durch ein Komma getrennten Ziffern, z.B. 100275,1075. Um diesem Teilnehmer aus dem Internet eine Mail zukommen zu lassen, ersetzen Sie das Komma durch einen Punkt und ergänzen die Adresse mit der sogenannten „Domain" von Compuserve. Sie lautete dann:

100275.1075@compuserve.com

Der Compuserve Teilnehmer wird im Kopf der Meldung einige Angaben finden, die der internen Weiterleitung der Daten dienen und sollte diese ignorieren.

4.6.3 Von Compuserve nach MCI-Mail

Der Versand einer Mitteilung nach MCI-Mail sieht ganz ähnlich aus, wie an das Internet. Sie geben im Adreßfeld

>MCIMAIL:

gefolgt von einem Leerzeichen und der MCI-Mail Kennung des Empfängers an. Das sieht dann komplett z.B. so aus:

>MCIMAIL: 123-4567

4.6.4 Von MCI-Mail nach Compuserve

Natürlich funktioniert auch der umgekehrte Weg. Wird eine Meldung von MCI-Mail nach Compuserve verschickt, fragt MCI nach der Adresse. Sie müssen dann den Namen des Compuserve-Teilnehmers eingeben, gefolgt von dem Vermerk (EMS). Dann wird in der nächsten Eingabezeile COMPUSERVE eingeben und in der nächsten Eingabezeile die Compuserve-Kennung des

Teilnehmers. Die nächste Eingabezeile wird einfach mit Return quittiert, worauf MCI die gesamte Adresse noch einmal bestätigen läßt.

4.6.5 Compuserve als Fax-Gerät

Der Vollständigkeit halber sei noch ein weiteres Verfahren der Kommunikation aus Compuserve heraus angegeben: Der Faxversand. Hier wird das Adreßfeld mit dem Hinweis

>FAX:

begonnen und dann nach einem Leerzeichen die Faxnummer nach folgendem Muster angegeben: Landesvorwahl ohne führende Nullen, Stadtvorwahl ohne führende Null, Teilnehmernummer. Der Anschluß 123456 in Düsseldorf würde also über die Nummer 492111234567 erreicht werden, die Nummer 1234567 in Kalifornien (Area Code z.B. 805) über 18051234567.

Im Inland lohnt sich der Faxversand über Compuserve wegen der hohen Gebühren nicht, aber für Faxe nach Übersee kann man auf diese Weise schon Geld einsparen. Wollen Sie ein Fax an mehrere Teilnehmer verschicken, dann können Sie die Eingabezeile mehrfach belegen, indem Sie die einzelnen Einträge durch Semikola trennen:

>FAX: 492111234567;>FAX: 492117654321

Und mit dem Kürzel >TLX (diesmal ohne Doppelpunkt) können sie sogar Telexe, also Fernschreiben versenden.

4.7 ISDN, das digitale Netz der Zukunft

Spötter behaupten, die Abkürzung ISDN bedeute „Ist sowas denn nötig?" Tatsächlich aber verbirgt sich dahinter die Bezeichnung „Integrated Services Digital Network". Es ist dies ein neues, zusätzlich zum bestehenden Telefondienst der Post installierter Kommunikationsdienst, der in der Bundesrepublik bereits annähernd flächendeckend verfügbar ist - natürlich zu den entsprechenden Anschlußkosten. Das Interessante an ISDN ist, das es problemlos Datenübertragungsraten von 64 kbps zuläßt, also um ein vielfaches schneller ist, als das analoge Telefonnetz. Dabei müssen keine zusätzlichen Leitungen verlegt werden, denn ISDN wird über die bestehenden Telefonkabel angeboten.

Wenn Sie über eine entsprechende Anschlußkarte Zugang zum ISDN haben, können Sie also große Datenmengen schnell übertragen, ja es wird sogar Bildtelefonie möglich. Da ISDN zwei Übertragungskanäle a 64 Kbit bietet, ist sogar Telefonieren und Datenübertragung gleichzeitig möglich. Ob Sie in Ihrer Region an das ISDN-Netz angeschlossen werden können, erfahren Sie in einem Telefonladen der Telekom.

Neben dem nationalen ISDN-Netz gibt es auch das sogenannte Euro-ISDN auf das sich Netzbetreiber aus zahlreichen europäischen Ländern geeinigt haben. In diesem Euro-ISDN ist ein Mindestangebot definiert, an das sich alle Netzbetreiber halten.

4.7.1 Verkehrte Welt - Digital statt Analog

Mit der Entscheidung für einen ISDN-Anschluß betreten Sie eine vollkommen neue Welt der Telekommunikation, obwohl dieser Dienst über die ganz normalen Telefonleitungen, wie sie überall verlegt sind, transportiert wird. Diese technische Anspruchslosigkeit auf der Installationsseite hat gewiß zur schnellen Verbreitung von ISDN beigetragen.

Während das normale Telefonsystem aber auf diesen Leitungen im wesentlichen Töne überträgt, also analoge Signale, ist das ISDN-Netz, wie der Name schon sagt, digital. Mußten Sie also bisher die digitalen Daten Ihres PC mittels eines Modem in Tonsignale umwandeln, um sie per Telefonleitung zu versenden, läuft die Sache bei ISDN genau andersherum: Normale Telefongespräche müssen nun erst digitalisiert um über ISDN übertragen werden zu können.

Das bedeutet aber einen erheblichen Qualitätssprung, denn nun beeinflussen Leitungsstörungen die Sprachqualität nicht mehr negativ. Die digitalisierten Signale lassen sich nämlich wesentlich besser und sicherer (dank Fehlerkorrektur etc.) übertragen, als analoge.

Um ein normales, analoges Endgerät an das ISDN-Netz anzuschließen benötigen Sie einen sogenannten Terminaladapter, so wie Sie ja bisher ein Modem brauchten, um digitale Endgeräte (PC) an das analoge Telefonnetz anzuschließen. Beim ISDN reicht eine Steckkarte für den PC, die dann für die Anbindung an das digitale Netz sorgt.

Es gibt zwei ISDN-Anschlußarten. Den sogenannten Basisanschluß, der zwei Datenkanäle mit 64 kbit/s zur Verfügung stellt und den Primärmultiplex-Anschluß der gleich 30 solcher Kanäle bietet. Letzterer ist vor allem für Firmen interessant. Aber schon auf einem Basisanschluß können zwei Dienste gleichzeitig abgewickelt werden. So ist es z.B. möglich, gleichzeitig zu telefonieren und Daten zu übertragen.

4.7.2 Vielseitig - die Eigenschaften von ISDN

Gegenüber dem analogen Netz bietet ISDN eine ganze Reihe zusätzlicher Eigenschaften. So kann z.B. die Rufnummer des Anrufenden bei einer ISDN-Verbindung angezeigt werden - und das bereits vor der Annahme des Gesprächs.

Findet gerade ein Gespräch auf einer ISDN-Leitung statt, so erhält ein zweiter Anrufer nicht unbedingt gleich ein Besetztzeichen. Wahlweise kann dieser zweite Anruf auf einem Display angezeigt und binnen einer festgesetzten Zeitspanne angenommen werden. Das erste Gespräch kann währenddessen gehalten werden, ja es kann sogar beliebig zwischen beiden Verbindungen gewechselt bzw. eine Dreier-Konferenzschaltung aktiviert werden. Weitere Eigenschaften sind verschiedene Möglickeiten der Anruf-Weiterschaltung und eine Gebührenanzeige während oder nach Beendigung eines Gespräches.

4.7.3 Anschluß gesucht

Dank der hohen Übertragungsleistung eines ISDN-Kanals ist Datex-J bzw. Btx über diese Verbindung ein reines Vergnügen. Keine Spur mehr vom schleichenden Seitenaufbau, der bei einer normalen Modemverbindung so nervtötend sein kann. Und auch die Verbindung zum Datex-J-Rechner ist via ISDN in wenigen Sekunden hergestellt.

Für Compuserve gibt es derzeit nur einen ISDN-Zugang in München, aber es ist zu erwarten, daß auch in anderen Städten eine solche Zugangsmöglichkeit geschaffen wird.

Um mit einem normalen Terminalprogramm Datenübertragung via ISDN durchzuführen, benötigen Sie entsprechende Treibersoftware. Obwohl recht Modern, hört eine Klasse dieser Treiber auf den Namen „Fossil". In modernen Terminalprogrammen wie Telix für Windows ist eine reihe dieser Treiber in der Modemauswahl aufgeführt.

Viele ISDN-Karten besitzen zusätzlich eine Schnittstelle, an der ein ISDN-Telefon angeschlossen werden kann und ermöglichen den Faxverkehr sowohl zu den digitalen Gruppe-4-Geräten als auch zu analogen Geräten der Gruppe 3.

ISDN ist eine brauchbare Alternative zu den relativ teuren Datex-P-Anschlüssen. Vor allem, wenn nur gelegentlich große Datenmengen zu übertragen sind, ist ISDN mit seinen nach Zeittakt abgerechneten Gebühren deutlich günstiger. Die monatlichen Grundgebühren für einen Basisanschluß beginnen in der Größenordnung von 60 DM, für einen Primärmultiplexanschluß sind dann schon über 500 DM fällig.

Es ist übrigens nicht auszuschließen, daß Sie in naher Zukunft über ISDN-Leitungen sogar Musik in CD-Qualität in Echtzeit übertragen können. Moderne Datenkompressionsverfahren wurden extra für Zwecke wie diesen entwikkelt. Einer dieser Standards heißt MPEGII und er definiert sowohl für digitale Bild- als auch für Video- und Tonübertragungen verschiedene Algorithmen, die eine Reduktion der anfallenden Datenmengen um ein Vielfaches ermöglichen.

Für zukünftige Anwendungen auf dem Datahighway werden damit die Grundlagen geschaffen. Solche Anwendungen sind z.B. das elektronische Einkaufen - per Fernseher oder PC - oder sogenannte Video-on-Demand-Dienste: Anstatt in einer Videothek einen Film auszuleihen, lassen Sie sich diesen per DFÜ ins heimische Wohnzimmer schicken. Utopien, die schon in naher Zukunft Realität werden können, genauso wie die Bildtelefonie und Videokonferenzen heute bereits vielfach genutzte Realität sind.

4.8 Ohne Telefon: Direkte Rechnerkopplung

Für den Heimanwender und Selbständigen ist auch die direkte Rechnerkopplung über serielle oder parallele Standardschnittstellen ein interessantes Feld. Stellen Sie sich zum Beispiel vor, Sie seien selbständiger Handelsvertreter und erfassen Daten über Kundenbesuche unterwegs mit einem Notebook oder noch kleineren, mobilen Computer. In Ihrem Büro wollen Sie dann diese Daten in Ihren Desktop PC übernehmen um Sie dann auch dort verfügbar zu haben. Das geht natürlich durch simples kopieren der Daten auf Diskette, Transport zum anderen Rechner und dort wieder auf die Festplatte kopieren. Doch elegant ist diese Methode nicht und bei größeren Datenmengen ist sie zudem Zeitaufwendig.

Da diese Problematik in jüngster Zeit immer häufiger auftritt, vor allem seit auch die transportablen PC ein akzeptables Preisniveau erreicht haben, sind in den jüngsten Versionen der DOS-Betriebssysteme entsprechende Funktionen für die direkte Rechnerkopplung enthalten. Das neue Novell-Dos 7.0, Nachfolger von DR-DOS 6.0 besitzt sogar komplette Netzwerkeigenschaften, die allerdings wieder an das Vorhandensein von Netzwerkkarten gekoppelt sind.

So weit geht Microsoft (noch) nicht, doch es spendierte dem neuesten MS-DOS ein Programm namens Interlink, das ohne aufwendige Zusatzhardware die gemeinsame Nutzung von Festplatten und Datenverzeichnissen ermöglicht. Einzige Voraussetzung ist ein Kabel, mit dem entweder die parallelen (Drucker-)Schnittstellen oder zwei der seriellen Schnittstellen miteinander

verbunden werden. Im letzteren Fall ist es wichtig, daß es sich um ein sogenanntes Nullmodem-Kabel handelt, bei dem verschiedene Leitungen "über
Kreuz" geführt werden. Nur so ist die direkte Kommunikation zwischen beiden
Rechnern möglich. Wenn Sie sich ein solches Kabel selber anfertigen wollen,
so finden Sie die entsprechenden Informationen am Ende dieses Kapitels.

Wie die direkte Datenübertragung mit Interlink funktioniert, soll in einem kurzen Beispiel dargestellt werden. Vorher soll aber nicht unerwähnt bleiben, daß
auch DR-DOS 6.0 mit dem Befehl FILELINK über eine ähnliche Funktionalität verfügt, die sich gleichfalls der seriellen Schnittstelle bedient, aber nicht
ganz so komfortabel ist. Während Sie unter Interlink nämlich einfach die
Laufwerke des zweiten Rechners so nutzen, als ob Sie in der anderen Maschine
eingebaut wären, müssen Sie bei Filelink explizit Befehle zur Datenübertragung eingeben.

Übrigens können Sie natürlich auch bei Verwendung eines Nullmodem-Kabels
auf beiden Rechnern mit einem Terminalprogramm arbeiten. Anstatt eines
Modems wird dann im Kommunikationsmenü als Verbindungsart „direkt" angewählt. Doch die Verbindung der Rechner über Interlink ist wesentlich kom-
fortabler, da Sie dann wirklich volle Kontrolle über beide PC haben.

4.8.1 Interlink im Einsatz

Um zwei Computer mit Hilfe von Interlink zu koppeln, benötigen Sie zunächst
eine Kabelverbindung zwischen den beiden Rechnern. Dazu gibt es zwei verschiedene Möglichkeiten:

- serielle Schnittstelle

- parallele Schnittstelle

Die Verwendung der parallelen, also der Druckerschnittstelle hat den Vorteil,
daß wesentlich höhere Datenübertragungsgeschwindigkeiten möglich sind.
Über die serielle Schnittstelle läuft die Kommunikation mit maximal 115200
bps ab, was ca. 14 KByte pro Sekunde entspricht.

Wenn Sie also auf Dauer große Datenmengen zwischen Ihrem Laptop und Ihrem Desktop hin und her schicken müssen, so könnte sich die Anschaffung
einer zweiten Schnittstellenkarte lohnen, um einen zweiten, freien, Drucker-
port am Desktop zu erhalten. Am Laptop ist die Druckerschnittstelle ja in aller
Regel frei und per Interlink kann der Ausdruck dann problemlos über den
Drucker des Desktop erfolgen.

Zur Verbindung der beiden Druckerschnittstellen besorgen Sie sich ein entsprechendes Kabel im Fachhandel, daß auf beiden Seiten mit dem 25poligen D-Stecker ausgerüstet sein muß. Sollten Sie die Verbindung der seriellen Schnittstellen bevorzugen, so müssen Sie sich ein sogenanntes Nullmodem-Kabel besorgen, bei dem die Anschlüsse der beiden seriellen Ports in spezieller Weise verschaltet sind (Beschreibung am Schluß des Kapitels). Achten Sie beim Kauf darauf, auch die entsprechenden Übergangskupplungen mitzukaufen, denn in den meisten Fällen wird der Laptop mit einem 9poligen, der Desktop dagegen mit einem 25poligen Anschluß versehen sein.

Nun können Sie die Verbindung zwischen beiden Rechnern herstellen und an die Konfiguration von Interlink gehen. Dazu bedarf es einiger Vorüberlegung. Unter Interlink ist nämlich einer der beiden Rechnern - der sogenannte Server - zur Passivität verurteilt, während alle seine Laufwerke und Drucker dem anderen Rechner - dem Client - zur Verfügung gestellt werden. Es ist jetzt im wesentlichen Geschmackssache, ob Sie lieber an Ihrem Laptop arbeitend die Ressourcen des Desktops nutzen wollen, oder umgekehrt. Sie können in beiden Fällen auf dem jeweiligen Server jedes der in beiden Rechnern vorhandene Laufwerk nutzen, Dateien kopieren und Programme ausführen.

Wenn Sie sich entschlossen haben, welchem Rechner die Rolle des Servers und welchem die des Client zugewiesen wird, müssen Sie auf dem Client die Datei Config.sys modifizieren. Auf dem Client-Rechner, also dem während der Interlink-Sitzung aktiven PC, wird der Device-Treiber Interlnk.exe in die Config.sys eingetragen. Sie ergänzen dazu die Zeile

DEVICE=C:\DOS\INTERLNK.EXE

möglichst am Ende der Datei Config.sys.

Interlink sorgt dafür, daß die Laufwerke des Fremdrechners fortlaufend an die im Client vorhandenen Laufwerksbezeichnungen angefügt werden. Hat der Client z.B. die Laufwerke A:, C: und D:, so werden die Laufwerke des Servers beginnend mit dem Buchstaben E: angesprochen. Aus diesem Grunde muß der Interlink-Treiber auch an letzter Stelle der Config.sys gestartet werden, damit alle anderen Treiber, die eventuell Laufwerke erzeugen, bereits installiert sind.

Standardmäßig leitet Interlink übrigens nur drei Laufwerke um. Sollte Ihr Server über mehr Laufwerke verfügen, so müssen Sie an die oben angegebene Zeile noch den Parameter

/DRIVES: n

anfügen. Wobei n die Zahl der umzuleitenden Laufwerke ist. Und noch etwas ist wichtig. In vielen Config-Dateien steht irgendwo der Befehl

LASTDRIVE=E

mit dem sozusagen die Obergrenze für die verwendbaren Laufwerksbezeichnungen abgesteckt wird. Diesen Befehl sollten Sie entweder ganz löschen, oder die entsprechend den umzuleitenden Laufwerken maximal auftretende Höchstbezeichnung dort einsetzen. Hat der Client z.B. zwei Disketten- und ein einzelnes Festplattenlaufwerk, sind die Buchstaben A: bis C: bereits vergeben. Die Laufwerke des Servers werden nun beginnend mit dem Buchstaben D: auf dem Client angeboten. Für jedes umzuleitende Laufwerk, also auch für die logischen Laufwerke einer unterteilten Festplatte, muß ein Laufwerksbuchstabe auf dem Client zur Verfügung stehen. Deswegen sollten Sie mit dem Lastdrive-Befehl nicht zu geizig umgehen.

Für den Interlink-Treiber gibt es noch weitere Parameter, die im Handbuch zu MS-DOS 6.2 bzw. Der Online-Hilfe beschrieben sind. Für die normale Einrichtung einer Verbindung reichen jedoch die im Beispiel genannten Parameter aus.

Nun steht also dem Beginn der Datenübertragung mit Interlink eigentlich nichts mehr im Wege. Wenn Sie sich jetzt fragen, warum wir nur beim Client den Interlink-Treiber in die Config.sys eingetragen haben und nicht auch beim Server, so hängt das mit den unterschiedlichen Rollen beider Rechner zusammen. Auf dem Client muß der Interlink-Treiber ja im Hintergrund aktiv sein, damit während der normalen Arbeit mit den Laufwerken des Fremdrechners manipuliert werden kann. Der Server hingegen wird mit dem simplen Befehl

INTERSVR[return]

In eine Art Tiefschlaf versetzt, wo er nichts anderes zu tun hat, als auf die Befehle des Client zu warten.

Probieren Sie das einmal aus. Verbinden Sie Ihre beiden Rechnern und geben Sie den Befehl Intersvr auf dem Server ein. Der Rechner wartet jetzt darauf, daß sich bei ihm ein Client meldet und Dienste anfordert. Nun starten Sie den Client oder geben - falls der Rechner schon läuft - den Befehl Interlnk ein: die Kommunikation beginnt.

Nun können Sie auf Ihrem Client nach Herzenslust zwischen den einzelnen Laufwerken hin und her wechseln. Dateien kopieren oder Programme ablaufen lassen, die eigentlich auf der Festplatte des Servers stehen. Beachten Sie dabei aber bitte die bremsende Wirkung der Datenübertragung. Vor allem bei der seriellen Verbindung kann der Start eines Programmes schon einige zeit in Anspruch nehmen. Solange der Client auf ein Laufwerk des Servers zugreift, wird das am Serverbildschirm durch einen Stern vor der entsprechenden Laufwerksbezeichnung angezeigt.

Auch mit Windows können Sie Interlink nutzen. Starten Sie am Client Windows und wechseln Sie in den Dateimanager, auch dort werden Sie fein säuberlich alle Laufwerke des Client und des Server aufgeführt finden. Die mühselige Datenübertragung per Diskette gehört mit diesem pfiffigen kleinen Programm endgültig der Vergangenheit an.

Übrigens ist Interlink zwar erst mit MS-DOS 6.0 Bestandteil des PC geworden, Sie können es aber auch benutzen, wenn auf Ihrem Desktop noch eine Herstellerspezifische Version von DOS oder MS-DOS ab Version 3.3 läuft. Das ist z.B. dann der Fall, wenn Sie sich einen neuen Laptop mit DOS 6.0 oder 6.2 gekauft haben, aber eben schon einen etwas betagten Desktop besitzen. In diesem Fall brauchen Sie nicht zu verzagen, Sie können sogar die Interlink-Dateien problemlos via Kabel in den alten Rechner kopieren.

Dazu müssen Sie sicherstellen, daß auf dem alten Rechner nicht das Programm Share.exe aktiv ist. (Es steht in der Config.sys und müßte für die Kopieraktion entfernt werden) Nachdem Sie beide Rechner mit einem geeigneten Kabel verbunden haben, wechseln Sie an dem alten Rechner in das Verzeichnis, in das Sie die Interlink-Dateien kopieren wollen. In der Regel wird das wohl das Verzeichnis sein, in dem auch die DOS-Dateien zu finden sind. Dann nehmen Sie sich den Rechner, auf dem sich die Interlink-Dateien bereits befinden und tippen

INTERSVR /RCOPY[return]

ein. Danach folgen Sie den Anweisungen auf dem Bildschirm. Nach Abschluß der Kopieraktion können Sie Interlink nach Herzenslust auf beiden Maschinen einsetzen.

4.8.2 Anfertigen eines Nullmodem-Kabels

Ein solches Kabel dient der direkten Verbindung zweier Rechner über die serielle Schnittstelle. Dabei lassen sich drei grundsätzliche Fälle unterscheiden:

- beide Rechner verfügen über einen 25-poligen D-Stecker (Desktop)
- beide Rechner verfügen über einen 9-poligen D-Stecker (Laptop oder Notebook)
- ein Rechner hat einen 9-poligen, der andere einen 25-poligen D-Stecker (Desktop mit Notebook koppeln).

Um ein solches Kabel selbst anzufertigen, benötigen Sie also dementsprechende D-Kupplungen (9- oder 25-polig) und ein sechsadriges Kabel mit Abschirmung. Damit stellen Sie jetzt die den Tabellen 9 bzw. 10 angegebenen Verbindungen zwischen den beiden Kupplungen her:

Tabelle 9: 25-polig zu 25-polig: die jeweiligen Pins werden miteinander verbunden

7	7 (Masse, Abschirmung)
2	3
3	2
4	5
5	4
6	20
20	6

Tabelle 10: Verbindung der Pins bei ungleichen Steckern

9-polig zu 9-polig	9-polig zu 25-polig
5------------------5	5---------------------7
3------------------2	3--------------------3
2------------------3	2--------------------2
7------------------8	7--------------------5
8------------------7	8--------------------4
6------------------4	6-------------------20
4------------------6	4--------------------6

Wenn Sie Probleme bei der Datenübertragung feststellen, und Ihre Kabel im Fachhandel erworben haben, dann können Sie anhand dieser Tabellen mit einem Durchgangsprüfer oder entsprechenden Meßgeräten feststellen, ob das Kabel richtig konfektioniert wurde. Zum Anschluß von Modems und Akustikkopplern sind nämlich Kabel mit genau gleich aussehenden D-Kupplungen vorgesehen, in denen allerdings die Pins anders miteinander verbunden sind und die außerdem noch zwei Leitungen mehr besitzen.

Falls Sie Ihre Verbindungskabel im Verdacht haben, die Ursache von Problemen zu sein, dann gibt es für Sie noch ein interessantes Hilfsmittel: Im Computerfachhandel gibt es Adapter, die die einzelnen Leitungen einer seriellen Schnittstelle während der Übertragung überwachen. Kleine Leuchtdioden zeigen an, wenn an einem bestimmten Pin ein Signal anliegt. Mit so einem Adapter können Sie z.B. feststellen, ob ein bestimmtes Signal überhaupt am anderen Ende der Leitung ankommt, und wenn ja, ob es auch an der richtigen Stelle ankommt.

5 Anhang

Im Anhang sind einige Informationen zusammengetragen, die Ihnen bei den ersten Schritten im Datendschungel helfen sollen. Wichtige Fachbegriff, die in diesem Buch oder im Handbuch Ihres Modems auftauchen, sind außerdem in einem Glossar erklärt.

5.1 Telefonnummern v. Zugangsknoten

Einige Telefonnummern von Mailboxen und anderen Diensten wurden ja schon im Text der vorhergehenden Kapitel erwähnt. Hier noch einmal eine systematische Auflistung.

5.1.1 Mailboxen

Mailboxnummern abzudrucken, ist nicht ganz unkritisch, da die Szene einem ständigen Wandel unterworfen ist. Um Ihnen dennoch einige „Spielwiesen" für die ersten Kontaktversuche zu öffnen, hier einige Boxen in der Auswahl. Wenn die Verbindung nicht zustandekommt, versuchen Sie es einfach bei einer anderen Box. Tip: Versuchen Sie die Anwahl zunächst immer mit 8 Datenbit, 1 Stoppbit und No Parity, abgekürzt 8N1.

VDI-Nachrichten: 0211-614815

Free-Net Erlangen: 09131-858111

5.1.2 Compuserve

Compuserve hat seine deutsche Niederlassung in München. Die Anwahlknoten in den großen Städten der Bundesrepublik sind in Tabelle 11 aufgeführt:

Tabelle 11: Anwahlknoten für Compuserve. DXP bedeutet Datex-P-Zugang, DXJ entspricht Datex-J, CPS ist ein Compuserve eigener Knoten.

Stadt	Vorwahl	Nummer	Dienst	Bitrate
Aachen	0241	19553	DXP	300,1200,2400
Alle Städte		01910	DXJ	300,1200,2400

Augsburg	0821	19553	DXP	300,1200,2400
Berlin	030	606021	CPS	1200,2400,9600
Berlin	030	19553	DXP	300,1200,2400
Bielefeld	0521	19553	DXP	300,1200,2400
Braunschweig	0531	19553	DXP	300,1200,2400
Bremen	0421	19553	DXP	300,1200,2400
Chemnitz	0371	445221	DXP	300,1200,2400
Cottbus	0355	535353	DXP	300,1200,2400
Darmstadt	06151	19553	DXP	300,1200,2400
Dortmund	0231	19553	DXP	300,1200,2400
Dresden	0351	0610	DXP	300,1200,2400
Düsseldorf	0211	4792424	CPS	1200,2400,9600
Düsseldorf	0211	19553	DXP	300,1200,2400
Erfurt	0361	669434	DXP	300,1200,2400
Essen	0201	19553	DXP	300,1200,2400
Frankfurt-Main	069	20976	CPS	1200,2400,9600,14400
Frankfurt-Main	069	19553	DXP	300,1200,2400
Freiburg	0761	19553	DXP	300,1200,2400
Gera	0365	38116	DXP	300,1200,2400
Gieben	0641	19553	DXP	300,1200,2400
Halle	0345	501000	DXP	300,1200,2400
Hamburg	040	6913666	CPS	1200,2400,9600
Hamburg	040	19553	DXP	300,1200,2400
Hannover	0511	7242909	CPS	1200,2400,9600
Hannover	0511	19553	DXP	300,1200,2400
Kaiserslautern	0631	19553	DXP	300,1200,2400
Karlsruhe	0721	859818	CPS	1200,2400,9600
Karlsruhe	0721	19553	DXP	300,1200,2400
Kassel	0561	19553	DXP	300,1200,2400
Kempten	0831	19553	DXP	300,1200,2400
Kiel	0431	19553	DXP	300,1200,2400,9600

Koblenz	0261	19553	DXP	300,1200,2400
Köln	0221	2406202	CPS	1200,2400,9600
Köln	0221	19553	DXP	300,1200,2400
Leipzig	0341	2113526	DXP	300,1200,2400
Lingen	0591	19553	DXP	300,1200,2400
Mannheim	0621	19553	DXP	300,1200,2400
München	089	66530170	CPS	1200,2400,9600,14400
München	089	19553	DXP	300,1200,2400
München-ISDN	089	66530130	CPS	9600
Münster	0251	19553	DXP	300,1200,2400
Neubrandenburg	0395	442780	DXP	300,1200,2400
Nürnberg	0911	5215050	CPS	1200,2400,9600
Nürnberg	0911	19553	DXP	300,1200,2400
Oldenburg	0441	19553	DXP	300,1200,2400
Passau	0851	19553	DXP	300,1200,2400
Potsdam	0331	2801082	DXP	300,1200,2400
Ravensburg	0751	19553	DXP	300,1200,2400
Regensburg	0941	19553	DXP	300,1200,2400
Rostock	0381	455485	DXP	300,1200,2400
Rottwell	0741	19553	DXP	300,1200,2400
Saarbrücken	0681	19553	DXP	300,1200,2400
Schwerin	0385	5812720	DXP	300,1200,2400
Siegen	0271	19553	DXP	300,1200,2400
Stuttgart	0711	450080	CPS	1200,2400,9600
Stuttgart	0711	19553	DXP	300,1200,2400
Suhl	03681	5607	DXP	300,1200,2400
Trier	0651	19553	DXP	300,1200,2400
Ulm	0731	19553	DXP	300,1200,2400
Wiesbaden	0611	19553	DXP	300,1200,2400
Würzburg	0931	19553	DXP	300,1200,2400

5.1.3 Datex-P

Die für Ihre Stadt verfügbare Datex-P-Zugangsnummer erfahren Sie bei Ihrem Telefonladen bzw. entnehmen Sie der Tabelle 11. Bei der Telekom gibt es auch die Anträge für einen Zugang zum Datex-P-Netz. Über Datex-J ist Datex-P auf der Seite *1010# zugänglich. Zum Datex-P-Zugang benötigen Sie eine Benutzerkennung und ein Paßwort.

5.1.4 Datex-J

Anträge gibt es gleichfalls beim Telefonladen. Einige Banken, die Btx-Banking anbieten, haben gleichfalls Antragsformulare. Außerdem bieten einige Modem-und Software-Hersteller Gutscheine für eine Btx-Anmeldung an. Bundesweit ist das Datex-J-Netz bis zu 2400 bps über die Rufnummer 01910 zu erreichen. Höhere Zugangsgeschwindigkeiten sollen im Laufe des Jahres 1995 möglich werden.

5.1.5 ISDN

Um ISDN-Teilnehmer zu werden, müssen Sie einen entsprechenden Anschluß bei der Telekom beantragen. Eine Zugangsmöglichkeit über Modem gibt es nicht. Mit einem ISDN-Basisanschluß können Sie aber z.B. schon gleichzeitig telefonieren und Daten übertragen, da er über zwei Kanäle verfügt.

5.2 Übersicht über die wichtigsten Modem-Befehle

Die folgende Übersicht gibt Ihnen einen kurzen Abriß der wichtigsten Modem-Befehle. Dabei handelt es sich um die vom Modem-Hersteller Hayes definierten Kommandos, die bei praktisch allen Modems identisch sind. Sie beginnen alle mit der Sequenz AT (für Attention). Daneben gibt es weitere Befehle, die mit Buchstabenfolgen wie AT%, AT& etc. beginnen, und die erweiterte Modemfunktionen steuern. Hier hat sich zwar auch eine weitgehende Standardisierung durchgesetzt, doch sollten Sie bei diesen Befehlen vorsichtshalber das Handbuch Ihres Modems konsultieren.

Bei den meisten Modems lassen sich mehrere AT-Befehle in einer Zeile kombinieren, wobei Leerstellen zur besseren Lesbarkeit eingefügt werden können. Eine Besonderheit kommt der Befehlsfolge +++ zu, sie versetzt ein online geschaltetes Modem wieder in den Befehlszustand, damit z.B. der Befehl zum Auflegen gegeben werden kann. Im übrigen kann eine Befehlsfolge, die vom Terminalprogramm an das Modem gesendet wird, auch noch mit der Zeichenfolge ^M abgeschlossen werden, was dem Drücken der Return-Taste bei der Eingabe über die Tastatur entspricht.

Im Anschluß an die Befehlsbeschreibungen werden wir dann auch noch die wichtigsten Einstellungen besprechen, die in den sogenannten S-Registern des Modems gespeichert werden können. Auch hier beschränken wir uns auf die Werte, die bei fast allen Hayes-kompatiblen Modems identisch sind.

5.2.1 Übersicht über die wichtigsten AT-Befehle

AT A

A steht für Answer, das Modem beantwortet einen eingehenden Anruf. Zuvor muß es allerdings bei Ihnen klingeln, bzw. das Modem muß den eingehenden Anruf mit RING melden. Der Befehl ATA veranlaßt dann, daß das Modem das Gespräch annimmt und mit dem Dialog zum Aufbau der Kommunikation beginnt. Bei Modems mit dem Register S0 können eingehende Anrufe auch automatisch beantwortet werden, im Register S0 steht dann eine zahl, die angibt, wie oft es klingeln soll, bevor das Modem abhebt.

AT Bx

Dieser Befehl schaltet zwischen den Bell- bzw. CCITT-Normen für Datenübertragungen mit 300 bzw. 1200 bps um. ist x=0, werden die CCITT-Normen V.21 und V.22 angewendet, bei x=1 die des Herstellers Bell. Bei einigen Modems können mit diesem Befehl noch weitere Konfigurationen vorgenommen werden.

AT Dx {Telefonnummer}

D steht für Dial, wählen. Das Modem wählt die hinter der Befehlssequenz eingegebene Telefonnummer, die bei vielen Modems mit Sonderzeichen (/-) zur besseren Lesbarkeit strukturiert werden kann. Hinter dem D muß jedoch zunächst noch angegeben werden, nach welchem verfahren gewählt werden soll. Für x kann eingesetzt werden:

P für Impulswahl, das in Deutschland gebräuchliche Wahlverfahren.

T für die international übliche Tonwahl, die in einer zunehmenden Zahl modernen Vermittlungsstellen Deutschlands ebenfalls einsetzbar ist.

L kann in vielen Modems zur Wiederholung der letzten gewählten Telefonnummer genutzt werden.

In der Telefonnummer selbst, sind die folgenden Zeichen mit Spezialfunktionen vorgesehen:

W steht für Wait, das Telefon wartet an dieser Stelle auf einen Wählton.

R steht für Reverse-Mode. Das Modem meldet sich beim Zustandekommen einer Verbindung nicht als Anrufer, sondern als Angerufener. Das kann u.U. helfen, wenn eine Modemverbindung nicht ordnungsgemäß aufgebaut werden kann.

, ein Kommazeichen in der Telefonnummer bewirkt eine Pause im Wählvorgang, die entweder eine festgesetzte zeit andauert, bzw. deren Länge im Register S8 eingestellt werden kann.

> dieses Zeichen entspricht dem Drücken der Erdtaste, das bei einigen Nebenstellenanlagen für das Anfordern einer Amtsleitung zuständig ist.

! Das Ausrufungszeichen schließlich erzeugt ein Flash-Signal, ein kurzes Auflege, was in einigen Nebenstellenanlagen ebenfalls die Amtsleitung anfordert.

AT Ex

Dieser Befehl schaltet das lokale Echo des Modems an (x=0) oder aus (x=1). Ist das Echo eingeschaltet, gibt das Modem im Befehlsmodus jedes empfangene Zeichen auch auf dem Bildschirm aus. Sie sehen also, was sie gerade eintippen. Ist das Modemecho ausgeschaltet, müssen Sie dazu an Ihrem Terminalprogramm die Funktion Lokales Echo aktivieren.

AT Hx

Mit diesem Befehl wird das Modem aufgefordert, aufzulegen (x=0), bzw. den "Hörer" aufzunehmen (x=1). Viele Modems reagieren auch nur auf den Befehl AT H zum Auflegen.

AT I, AT Ix

Mit diesen Befehlen wird je nach Hersteller des Modems ein Produktcode und weitere interne Informationen des betreffenden Modems ausgegeben. Welche das sind, entnehmen Sie am zweckmäßigsten dem Handbuch Ihres Modems.

AT Lx

Mit diesem Befehl stellen Sie die Lautstärke des im Modem eingebauten Lautsprechers ein. Für x können dabei je nach Modemtyp verschiedene Werte stehen. Der Lautsprecher des Modems ist dafür zuständig, daß sie während das

Wählvorganges eine akustische Rückkopplung bekommen und auch den ersten Teil des Dialoges zum Verbindungsaufbau mithören können. Sie erkennen so schon relativ schnell, wenn es zu Problemen beim Verbindungsaufbau kommt.

AT Mx.

Wie lange der Lautsprecher aktiv ist, regeln Sie mit dem AT M-Befehl. Sie können den Lautsprecher ganz ausschalten (x=0), was allerdings aus oben erwähnten Gründen nicht ratsam ist. Mit x=1 bleibt er so lange aktiv, bis eine Verbindung zustande gekommen ist. Das ist bei den meisten Modems die Standardeinstellung. Bei x=2 ist der Lautsprecher grundsätzlich eingeschaltet, bei x=3 ist er während des Wählens abgeschaltet und geht dann nur so lange an, bis die Verbindung zustande gekommen ist.

AT O

Mit diesem Befehl können Sie das Modem wieder online schalten, wenn Sie während einer bestehenden Verbindung mit dem +++-Befehl in den Befehlsmodus (Off-Line) geschaltet haben.

AT P

Mit diesem Befehl können Sie Ihr Modem generell auf Impulswahl umstellen, es reicht dann der Befehl AT D zum Wählen. Da das Wählen aber meistens vom Terminalprogramm automatisch geschieht, ist dieser Befehl keine so große Arbeitserleichterung, wie man vielleicht meint. Viel wichtiger ist, daß Ihr Terminalprogramm weiß, daß es per Pulswahl zu wählen hat.

AT Qx

Q steht für Quiet. Mit x=0 wird der Quiet-Modus ausgeschaltet, d. h. das Modem wird Meldungen an den Benutzer ausgeben. Wie das geschieht (ob z.B. als Klartext CONNECT, ERROR etc.) wird mit dem Befehl AT V eingestellt. Mit x=1 ist der Quiet-Modus eingeschaltet, d. h. das Modem wird Meldungen unterdrücken.

AT Sx=y, AT Sx?

Der erste Befehl dient dazu, den Wert y in das S-Register mit der Nummer x zu schreiben, der zweite Befehl fragt den Wert des S-Registers mit der Nummer x ab. Einige dieser S-Register haben weitgehend standardisierte Funktionen, ihre Beschreibung folgt im Anschluß an diese Befehlsliste.

AT T

Dieser Befehl stellt - analog zu AT P - die Tonwahl als Standard-Wahlverfahren ein, es reicht dann AT D zum Aufbau einer Verbindung. Es gilt die gleiche Anmerkung, wie dort bez. des Terminalprogrammes.

AT Vx

Dieser Befehl regelt die Art und Weise, wie das Modem Meldungen an den Benutzer ausgibt (wenn entsprechendes mit AT Q0 eingestellt wurde). Für x=0 erfolgt die Ausgabe in Zahlencodes, für x=1 erfolgt sie Verbal (daher das V), also in Klartext. Wie die Meldungsnummern und die entsprechenden Texte miteinander zusammenhängen, entnehmen Sie bitte der Beschreibung Ihres Modems.

AT Xx

Dieser Befehl hat mehrere Optionen, die durch den Zahlenwert für x eingestellt werden (und ist dazu noch gelegentlich von Modemhersteller zu Modemhersteller verschieden.)

x=0: Das Modem wartet vor dem Wählen nicht auf einen Wählton, Besetztzeichen werden ignoriert und als Verbindungsmeldung wird nur CONNECT ausgegeben.

x=1: Das Modem wartet vor dem Wählen nicht auf einen Wählton, Besetztzeichen werden ignoriert und als Verbindungsmeldung wird CONNECT mit der jeweiligen Datenrate (z.B. CONNECT 2400) ausgegeben.

Tabelle 12: Parameter des X-Befehls

	AT X0	AT X1	AT X2	AT X3	AT X4
Wählton erkennen	Nein	Nein	Ja	Nein	Ja
Besetzt erkennen	Nein	Nein	Nein	Ja	Ja
Verbindungsmeld.	Verb.	komplett	komplett	komplett	komplett

x=2: Das Modem wartet vor dem Wählen auf einen Wählton, Besetztzeichen werden ignoriert und als Verbindungsmeldung wird CONNECT mit der jeweiligen Datenrate (z.B. CONNECT 2400) ausgegeben.

x=3: Das Modem wartet vor dem Wählen nicht auf einen Wählton, Besetztzeichen werden mit BUSY gemeldet und als Verbindungsmeldung wird CONNECT mit der jeweiligen Datenrate (z.B. CONNECT 2400) ausgegeben.

x=4: Das Modem wartet vor dem Wählen auf einen Wählton, Besetztzeichen werden mit BUSY gemeldet und als Verbindungsmeldung wird CONNECT ausgegeben mit der jeweiligen Datenrate ausgegeben.

AT Yx

Dieser Befehl legt fest, ob bei Übertragungspausen länger als 1,6 s ein Abbruch der Verbindung erfolgt (x=1) oder sie bestehen bleibt (x=0). Diese Option, die auch als "Long Space Disconnect" bezeichnet wird, ist üblicherweise ausgeschaltet.

AT Z, AT Zx

Dieser Befehl bewirkt ein Reset des Modems, also eine Rückkehr zu den fest eingestellten Werte der einzelnen Konfigurationen. Besitzt Ihr Modem einen festen Konfigurationsspeicher, so wird die dort abgelegte Einstellung durch Reset aufgerufen, besitzt das Modem mehrere Konfigurationsspeicher, so können Sie mit dem entsprechenden Zahlenwert für x den Inhalt eines dieser Speicher abrufen.

5.2.2 Übersicht über die standardisierten S-Register

In den S-Registern (S wie Status oder Settings) werden Zahlenwerte abgelegt, die für die einzelnen Funktionen des Modems eine Bedeutung haben. Im folgenden werden nur die weitestgehend standardisierten Register behandelt, meist wird Ihre Modem noch mehr Register haben, deren Funktion im Handbuch erläutert ist.

S0

Hier wird eingetragen, wie viele Klingelzeichen das Modem abwarten soll, bevor es im "Auto Answer" Modus den Hörer abhebt. Steht S0=0, so ist die automatische Rufannahme abgeschaltet.

S1

Dieses Register ist nur zum Lesen bestimmt, es zählt bei jedem Anruf die Klingelzeichen und speichert diesen Wert bis ein neuer Anruf eingeht. Hilfreich ist das S1-Register also vor allem für automatisierte Kommunikationsabläufe und die Skript-Programmierung des Terminalprogrammes.

S2

In diesem Register ist das Zeichen abgelegt, mit dem Sie Ihre Modem während einer Datenverbindung Off-Line - also in den Befehlsmodus - umschalten. Üblicherweise hat das Register den Wert 43, was dem Pluszeichen "+" entspricht. Um die Umschaltung vorzunehmen, drücken Sie nach einer Eingabepause von 1s dreimal die Plustaste und nach wiederum 1 s wird das Modem im Befehlsmodus bereitstehen. Die Länge der Wartezeit vor und nach dem Umschaltbefehl, wird im Register S12 eingestellt.

S3

In diesem Register ist der Tastaturcode der Eingabetaste gespeichert. Üblicherweise ist das die Taste Return mit dem Code 13. Wenn Sie lieber eine andere taste benutzen wollen, können Sie den Wert ändern. Sinnvoll scheint das aber nicht zu sein, es sei denn Sie wollen Fremden die Benutzung Ihres Modems erschweren.

S4

Hier ist ebenfalls ein Zahlkencode gespeichert, der für den Zeilenvorschub. Standardmäßig ist das der Wert 10. Das Modem sendet diesen Wert am Ende von Rückmeldungen, damit der Cursor in die nächste Zeile vorrückt.

S5

Dieses Register definiert den Zeichencode für die Backspace-Taste, üblicherweise 8. Damit erkennt das Modem, wenn Sie eingegebene Zeichen am Bildschirm wieder löschen.

S7

Dieses Register definiert die Wartezeit auf das Trägersignal (CARRIER) in Sekunden. Je nach Modem kann der Standardwert schwanken und z.B. 50 s betragen. Dann wartet das Modem nach dem Wählvorgang maximal 50 s auf das Trägersignal, so lange hat also das andere Modem Zeit, sich zu melden. Wenn Sie bei Auslandsverbindungen keine Verbindung zustande bekommen, probieren Sie einmal, diesen Wert zu vergrößern. Sie können den entsprechenden Zahlenwert z.B. in den Initialisierungsstring schreiben, den Ihr Terminalprogramm zum Modem sendet.

S8

Dieses Register definiert die Wartezeit, die während des Wählens für ein Komma eingehalten wird. Auch hier schwanken die Vorgabewerte je nach Modem und liegen z.B. bei 2 s. Konsultieren Sie das Handbuch des Modemherstellers, ob der Wert überschrieben werden kann, und welche Maßeinheit er besitzt.

S9

Hier wird in 1/10s angegeben, wie lange das Modem nach dem Erkennen des Trägersignals warten soll, bis es die CONNECT-Meldung ausgibt. Damit soll die Gefahr von Falschmeldungen beim Verbindungsaufbau verringert werden. Allerdings kann ein zu hoch eingestellter Wert bedeuten, daß das angerufene Modem bereits wieder aufgehängt hat, da es eine zu lange Wartezeit registriert hat.

S10

Hier wird die Zeit angegeben (in 1/10s) die das Trägersignal maximal unterbrochen werden darf, bevor das Modem von sich aus die Verbindung abbricht. Bei schlechten Leitungen, Auslandsverbindung oder Datenübertragung per Funktelefon sollten Sie diesen Wert bis zu 60 (also 6 s) heraufsetzen, um eine stabile Verbindung zu garantieren.

S12

Hier wird die Wartepause definiert, die vor dem Befehl zum Umschalten in den Befehlsmodus (S2) vergehen muß, damit dieser erkannt wird. Üblicherweise liegt der Wert bei 1 s (meist in 1/50 s angegeben, also Wert 50).

5.3 Kostenübersicht wichtiger Dienste

Für die Datenkommunikation gilt der gleiche Grundsatz, wie für das normale Telefonieren: Je kürzer ein gespräch dauert, desto billiger ist es. Damit Sie ein wenig kalkulieren können, was sie erwartet, folgen einige Gebührenhinweise.

5.3.1 Telefonverbindung

Es wird unterschieden zwischen Orts-, Regional- und Ferngesprächen sowie dem Normaltarif und dem Billigtarif. Letzterer gilt werktäglich zwischen 18 und 6 Uhr sowie an Wochenenden und bundeseinheitlichen Feiertagen. Je nach Tarif variiert die Dauer einer Gesprächseinheit, die dann mit 23 Pfennig abgerechnet wird.

Für Auslandsgespräche gelten ebenfalls nach Entfernungszonen gestaffelte Tarife.

Für jeweils eine Stunde Telefongespräch müssen Sie ungefähr die folgenden Beträge kalkulieren (jeweils Normal- /Billigtarif):

Orts-/Nahgespräch: 2,30 DM, 1,15 DM

Ferngespräch bis 50 km: 13,80 DM, 6,90 DM

Ferngespräch über 50 km: 39,40 DM, 19,70 DM

Ein internationales Ferngespräch wird schnell sehr teuer, eine Minute telefonieren in die USA kostet z.B. rund 3 DM.

5.3.2 Datex-J

Neben der einmaligen Anschlußgebühr von 50 DM fällt eine monatliche Grundgebühr von 8 DM an. Die Verbindung zum Datex-J-Anschluß wird wie ein Ortsgespräch abgerechnet. Hinzu kommen allerdings noch die z.T. erheblichen Gebühren der einzelnen Anbieter von Seiten im Datex-J.

5.3.3 Compuserve

Seit Anfang Februar gilt bei Compuserve ein neues Preisgefüge. Demnach fällt eine monatliche Grundgebühr von 9,95 Dollar an. Damit wird der unbegrenzte Zugriff auf über 100, anstelle von bisher 78, gebührenfreien Diensten, ermöglicht. Die "Executive Service Option" ist ebenfalls in der monatlichen Mitgliedsgebühr enthalten.

Die Gebühr für die, im Zeittakt berechneten, Profidienste beträgt für alle Geschwindigkeiten bis zu 14.400 bps 4,80 Dollar pro Std. Dies bedeutet eine Preissenkung gegenüber den alten Preisen von 50% für Geschwindigkeiten von 9.600 bis 14.400 bps. Ebenso entfällt der bisher angefallene Kommunikationszuschlag für das CompuServe Netzwerk von 7,70 Dollar pro Std.

Die Anzahl der kostenlosen E-Mails wurde erhöht. CompuServe Mitglieder können 90 dreiseitige Mails, anstelle von bisher 60, ohne zusätzliche Kosten verschicken.

5.4 Glossar

Dieses Buch kann und will kein Computerlexikon ersetzen, und deswegen werden auch alle Abkürzungen und Begriffe direkt im Text erklärt. Doch aus der Komplexität der behandelten Themen ergibt sich ein gewisses Dilemma: Ein Buch, wie das vorliegende, wird selten von vorne bis nach hinten durchgelesen. Auf der anderen Seite lassen sich bestimmte Sachverhalte aber auch nicht an jeder Stelle erklären. Deswegen soll im folgenden ein kleines Glossar auf die in diesem band verwendeten Fachbegriffe eingehen.Der Querleser kann so auch auf die Informationen zugreifen, die in früheren oder späteren Kapiteln enthalten sind.

AT-Bus

Kurzbezeichnung für das seit dem IBM-AT-Rechner eingeführte Bussystem, das auch ISA-Bus genannt wird. Im Gegensatz zum Bussystem der XT-Rechner wurde jetzt der komplette 16 Bit breite Datenbus an die Erweiterungssteckplätze geführt und die 24 beim 286er Prozessor vorhandenen Adressleitungen. Dieses Bussystem wurde auch in den 386er und 486er Rechnern beibehalten, obwohl deren Prozessoren 32 Bit breite Daten- und 32 Bit breite Adressleitungen unterstützen. Auch der Takt des AT-Busses blieb mit 8 MHz unverändert. Durch die reduzierte Anzahl der Adreßleitungen können Steckarten in einem AT-Bus-Slot lediglich auf 16 MByte Hauptspeicher zugreifen.

Neue Bussysteme (EISA, Microchannel, Local Bus und PCI) brechen diese Beschränkungen auf.

Baud

Maß für die Schrittgeschwindigkeit einer Datenübertragung.

Binärdatei

Bezeichnung für eine Datei, in der beliebige Zeichenfolgen vorkommen können. Wird für Programm-, Grafik- und andere Dateien verwendet und steht im Gegensatz zu reinen Textdateien, in denen lediglich wenige Zeichen des ASCII-Zeichensatzes vorkommen.

Bit

Abk. für Binary Digit. Kleinste Einheit der Informationsverarbeitung, kann nur zwei Werte annehmen. Üblicherweise 0 und 1, im Rechner aber auch durch zwei Spannungswerte (High und Low) symbolisiert. Auf dem binären (zweiwertigen) Zahlensystem beruht die binäre Arithmetik und damit die gesamte Datenverarbeitung im PC

Bus

Allgemeiner Name für eine Anzahl paralleler Leitungen, die dem gleichen Zweck dienen. Z.B. ist der Datenbus dafür zuständig, die binären Daten zwischen den einzelnen Komponenten des Rechners zu befördern. Je nach Wortbreite (8, 16, 32 oder 64 Bit) des Prozessor, müssen dazu entsprechend viele Leitungen parallel geführt werden.

Die Bezeichnung Bus wird darüber hinaus auch für die Erweiterungssteckplätze des PC verwendet (z.B. AT-Bus)

Byte

Die Kombination von acht Bit wird Byte genannt. Mit acht Bit, bzw. einem Byte lassen sich die Dezimalzahlen von 0 bis 255 darstellen. Damit ist das Byte auch die Grundlage für den sogenannten ASCII-Code, bei dem jedem möglichen Dezimalwert ein Zeichen des Alphabets, eine Ziffer bzw. ein Sonderzeichen zugewiesen ist. (s. Tabelle im Anhang).

CCITT

Internationales Normungsgremium für die Telekommunikation. Hat eine Reihe von Standards für die Daten- und Faxübertragung festgeschrieben.

CD-ROM

Optisches Speichermedium auf Basis der aus der Unterhaltungselektronik bekannten Compact-Disc. Als Nur-Lese-Speicher (ROM), kann eine solche CD entweder 75 min. Stereo-Digitalton oder aber ca. 650 MByte an Daten aufnehmen. Auch beliebige Mischung von Daten und Ton ist möglich. Darüber hinaus hat Kodak auch ein Speicherverfahren für digitalisierte Bilder, die Photo-CD, entwickelt. Die Abtastung der CD erfolgt berührungslos durch Laserstrahlen, so daß sie praktisch keinem Verschleiß ausgesetzt ist. In der Herstellung sind die Scheiben relativ preiswert, so daß sie bei umfangreichen Softwareprogrammen mittlerweile die Diskette als Vertriebsmedium verdrängen.

Chat-Modus

Gesprächsmodus einer Mailbox, bzw. eines Terminalprogrammes. Teilnehmer an beiden Seiten der Verbindung kommunizieren direkt über Bildschirm und Tastatur.

Client

In Netzwerken und bei Rechnerkopplung die Bezeichnung für die Arbeitsstation. Der Client ist sozusagen der Kunde, der von einem angeschlossenen Rechner (dem Server) Dienstleistungen, Daten oder Hardwarekomponenten zur Verfügung gestellt bekommt.

COM-Port

s. serielle Schnittstelle

Compuserve

Weltweit operierendes Mailbox-System mit Sitz in Columbus/Ohio (USA). Compuserve stellt seinen rund 1,7 Mio. Mitgliedern ein weltweites Informationsnetz zur Verfügung und erlaubt via Modem und Telefonleitung den Zugriff auf zahlreiche Datenbanken, Reservierungsdienste und eine Fülle sogenannter Foren. Diese werden u.a. von praktisch allen großen Soft- und Hardwareanbietern unterhalten. Der Compuserve-Nutzer kann so bei Problemen mit einzelnen Produkten direkt mit dem Hersteller Kontakt aufnehmen und z.B. auch neue Treiberversionen oder Programmverbesserungen direkt in seinen Rechner laden. Darüber hinaus steht ein großes Angebot an Free- und Shareware-Programmen zur Verfügung.

CPU

Abk. für Central Processing Unit, in PC als synonym für den Mikroprozessor verwendet.

Datex-J

„Jedermann"-Datendienst der Telekom. Ersetzt den bisherigen Bildschirmtext Btx und bietet elektronische Post- und Informationsdienste sowie den Übergang zu Compuserve und Datex-P.

Datex-P

Paketvermittelter Datendienst der Telekom. In vielen Städten der Bundesrepublik ist dieser Dienst auch per normaler Modemverbindung anwählbar, wenn eine Benutzerkennung und ein Paßwort vorhanden sind.

DIP-Schalter

Abk. für Dual-In-Line-Package-Schalter. Mikroschalter, die in einem DIL-Gehäuse untergebracht sind, und so platzsparend auf einer Platine eingelötet werden können. DIP-Schalter werden oft zur Konfiguration von Steckkarten, Druckern und anderen Hardwarekomponenten verwendet.

Download

Bezeichnung für das Laden einer Datei aus einer Mailbox auf den lokalen Rechner.

DRAM

Abkürzung für Dynamic Random Access Memory, deutsch: dynamischer Schreib/Lese-Speicher. Aus diesen Chips besteht der Arbeitsspeicher des Rechners. DRAM-Bausteine sind eine spezielle Bauform von RAMs, die sich durch extrem einfachen Aufbau der Speicherstelle auszeichnen. Dadurch sind die Bausteine in sehr hohen Speicherkapazitäten erhältlich (bis zu 16 Mbit pro Chip) und wegen der großen gefertigten Stückzahlen auch relativ preiswert. Nachteilig ist, das aufgrund der Bauweise, die DRAM-Zellen relativ langsam sind (60 bis 100 ns Zugriffszeit) und sie ihren Speicherinhalt nicht sehr lange behalten können. Eine spezielle Logik (Refresh-Logic) muß daher mehrmals pro Sekunde den kompletten Speicherinhalt auslesen und wieder zurückschreiben.

EPROM

Erasable Programmable Read Only Memory. Spezielle Bauform von Nur-Lese-Speichern (ROM). im Gegensatz zu klassischen ROM-Chips, die bereits bei der Herstellung in der Chipfabrik mit ihrem Speicherinhalt versehen werden (maskenprogrammierbar), können die EPROMS beim Endanwender, also z.B. dem PC-Hersteller, in speziellen Programmiergeräten mit dem Speicherinhalt beschrieben werden. Dieser Programmiervorgang ist dauerhaft und der Speicherinhalt bleibt auch ohne Versorgungsspannung erhalten. Trotzdem sind EPROMS durch ein auf dem Chipgehäuse angebrachtes Fenster wieder löschbar: Sie müssen nur lange genug mit UV-Licht bestrahlt werden.

FTP

File-Transfer-Protokoll. Im Internet verfügbarer Dienst um Binärdateien zwischen Rechnern zu übertragen.

Host

Englisch für Gastgeber. Bezeichnung für einen zentralen Rechner, der z.B. eine Mailbox oder andere Dienste per DFÜ zur Verfügung stellt.

Interface

Allgemeine Bezeichnung für jede Art von Schnittstellen zweier Komponenten im PC. Man unterscheidet Hard- und Softwareschnittstellen. Dabei ist entscheidend, daß sich die Hersteller der beiden zu verbindenden Komponenten auf eine physikalische (Stecker etc.) Verbindung und eine logische Standardisierung (was wird wann und wie übertragen) einigen.

Internet

Weltweites System miteinander verbundener Netzwerke. Enthält mittlerweile 3 bis 4 Mio. einzelne Rechner. Keine zentrale Verwaltung oder Überwachung.

Interrupt

Engl. für Unterbrechung. Damit sich externe Komponenten mit dem Prozessor eines PC verständigen können, besitzt dieser mehrere Interrupt-Leitungen. Läuft auf diesen ein Signal ein - die Interruptanforderung z.B. eines Druckers - dann unterbricht der Prozessor alle gerade laufenden Programme und verzweigt in eine spezielle Routine, die dann für die richtige Auswertung der Anforderung sorgt. Insgesamt 15 solche Leitungen stehen für die Hardware-Interrupts (IRQ) zur Verfügung, von denen allerdings nur wenige für Erweiterungen noch frei sind.

IRQ

Abk. für Interrupt-Request, Interrupt-Anforderung. S. Interrupt.

ISA

Industrie-Standard-Architecture. Bezeichnung für den ersten Erweiterungsbus, der in PC verwendet wurde, und in seiner 16-Bit-Ausführung auch als AT-Bus bezeichnet wird.

ISDN

Digitales Kommunikationsnetz auf bundesdeutscher bzw. europäischer (Euro-ISDN) ebene. Erlaubt digitale Kommunikationsdienste und Telefonie auf normalen Telefonleitungen.

Jumper

Kurzschlußstecker, die auf Motherboards und Erweiterungskarten Verwendung finden, um verschiedene Konfigurationen einzustellen. Bei gesetztem Jumper werden zwei Stifte einer Steckerleiste miteinander verbunden, bei entferntem Jumper ist die Verbindung geöffnet.

LAN

Local Area Network. Bezeichnung für Netzwerke, die Computer in räumlich benachbarter Umgebung verbinden. Die Computer müssen dazu per Netzwerkkabel miteinander verbunden werden und ein Netzwerkbetriebssystem sorgt dafür, daß jeder Computer auf Daten und Programme eines zentralen Rechners, oder der anderen im Netzwerk befindlichen Rechner zugreifen kann.

LPT-Port

Bezeichnung für die Anschlußschnittstelle des Druckers, auch als Parallel-Port bezeichnet. Der Anschluß kann nicht nur zum Anschluß eines Druckers verwendet werden, sondern ist auch für die parallele Datenübertragung geeignet.

Mailbox

Bezeichnung für einen per Modem oder ISDN anwählbaren Rechner, der Informationen bereithält, vermittelt und für breite Benutzerkreise ansprechbar ist.

Modem

Kunstwort aus den begriffen Modulator und Demodulator. Ein Modem setzt die digitalen Impulse aus dem Computer in Tonschwingungen um, die dann über eine ganz normale Telefonleitung übertragen werden können. Modems stellen heute das Rückgrat der elektronischen Datenfernübertragung dar und haben die früher beliebten Akustikkoppler verdrängt. Modems werden entweder extern an eine der seriellen Schnittstellen des PC angeschlossen oder in eine der Steckplatzerweiterungen eingebaut.

Motherboard

Wird auch als Mainboard bezeichnet. Hauptplatine des Computers, auf der der Mikroprozessor, die notwendigen peripheren Chips, der Arbeitsspeicher und die Steckerleisten für die Erweiterung des Rechners untergebracht sind. Bei modular aufgebauten Rechnersystemen umfaßt das Motherboard evtl. nur einige wenige Chips und die Steckplätze. bei solchen Systemen werden auch Mikroprozessor und u.U. auch der Arbeitsspeicher auf Steckkarten untergebracht um flexible Ausbaumöglichkeiten zu schaffen.

MSD

Abkürzung für Microsoft System Diagnose. Ein Dienstprogramm, das zum Lieferumfang von MS-DOS ab Version 6.0 und Windows gehört. Es dient zur Analyse der Rechnerhardware und hilft vor allem, freie Speicherbereiche und Interruptkanäle aufzufinden.

MS-DOS

Microsoft Disc Operating System. Bezeichnung für das seit 1981 meistverbreitete Betriebssystem für PC. derzeit ist MS-DOS in der Version 6.22 im Handel.

Multitasking

Bezeichnung für eine Eigenschaft moderner Betriebssysteme, die mehrere Anwendungsprogramme scheinbar gleichzeitig ausführen können. Dazu wird die Rechenleistung des Prozessors gleichmäßig zwischen den einzelnen laufenden Programmen aufgeteilt. Jedes Programm ist nur wenige Sekundenbruchteile aktiv, danach kommt das nächste an die Reihe. Für den Anwender entsteht der Eindruck, alle Programme würden gleichzeitig ablaufen.

Man unterscheidet preemptives- und nichtpreemptives Multitasking. Bei ersterem behält das Betriebssystem jederzeit die Kontrolle über alle aktiven Programme und kann diesen bei Bedarf Rechenzeit zuteilen oder entziehen (OS/2). Beim Nonpreemptiven M. erhält ein Programm die volle Kontrolle über den Prozessor, die anderen, wartenden Programme können erst wieder Rechenzeit erhalten, wenn der Prozessor wieder freigegeben wurde. Nach diesem Verfahren arbeitet Windows. Der Nachteil: stürzt das aktive Programm ab, kann u.U. das ganze System zum Stillstand kommen.

Nullmodem-Kabel

Dient der direkten Verbindung zwischen zwei Rechnern ohne zwischenge-
schaltete Modems. Bezeichnet ein Kabel, mit dem zwei PC über ihre seriellen
Schnittstellen direkt miteinander gekoppelt werden können. Dazu sind wichtige Kontrolleitungen überkreuz verlegt und damit ist ein solches Kabel nicht
zum Anschluß von Modems u.a. Geräten an die serielle Schnittstelle geeignet.

OS/2

Echtes 32-Bit-Betriebssystem, das anfänglich von Microsoft und IBM gemein-
sam entwickelt wurde. (Damals als 16-Bit-System für die 286er Prozessoren)
Seit 1993 in der Version 2.1 auf dem Markt bietet es komplette 32-Bit-
Funktionalität, Kompatibilität zu Windows 3.1 und DOS, eine Objektorientier-
te Arbeitsoberfläche sowie ein neues Dateisystem Namens HPFS. OS/2 2.1
läuft nur auf Rechnern ab 386er-Prozessor aufwärts und braucht zum vernünf-
tigen Arbeiten mindestens 8 MByte RAM.

Parität

Bezeichnet ein Kontrollverfahren, bei dem ein Bit eines Zeichens zur Prüfung
der Gültigkeit dieses Zeichens eingesetzt wird.

PCI

Peripheral Components Interface. Local-Bus-Standard, der von Intel entwikkelt wurde und seit Ende 1993 in PC verschiedener Hersteller implementiert
wird. Der PCI-Bus ist ein prozessorunabhängiger Bus, der bis zu 64 Bit Datentransfer unterstützt. Um die Steckverbinder möglichst klein zu halten, werden
die gleichen Kontakte sowohl für den Adreß- als auch für den Datenbus verwendet (Multiplex-Betrieb). Mit dem PCI-Bus sollen auch selbstkonfigurie-
rende Steckkarten möglich werden, die nicht mehr vom Benutzer vorbereitet
werden müssen, sondern vom System selbsttätig erkannt werden.

Protokoll

Vereinbarung über physikalische und logische Parameter einer Datenverbindung.

RAM

Random Access Memory, Speicher mit wahlfreiem Zugriff. Bezeichnung für
Speicherchips, die sowohl gelesen, als auch beliebig neu beschrieben werden

können und deswegen vor allem als Arbeitsspeicher in PC Verwendung finden. Es gibt RAM als dynamische (DRAM) und statische (SRAM)-Chips.

ROM

Read Only Memory - Nur Lese Speicher, bezeichnet Speicherchips, die unlöschbar mit einem bestimmten Inhalt beschrieben werden und dann beliebig oft wieder ausgelesen werden können. Neben den maskenprogrammierten ROM, die schon beim Chiphersteller irreversibel mit Daten beschrieben werden, gibt es auch programmierbare - und bedingt wieder löschbare Versionen - wie EPROM und EEPROM.

RS232

Andere Bezeichnung für die serielle Schnittstelle eines Computers.

Schnittstelle

Deutsche Bezeichnung für Interface.

Server

In einem LAN oder Online-Dienst die Bezeichnung für den zentralen Rechner, der üblicherweise mit besonders viel Rechenkapazität ausgestattet ist. Auf diesem PC werden alle Daten und Programme gespeichert, auf die dann von den einzelnen Arbeits-PC (Clients) zugegriffen wird. Es gibt spezielle Bauformen für Server PC die z.B. auf besonders hohe Plattenverfügbarkeit und hohe Datensicherheit optimiert sind.

Slot

Englisch für Schlitz. Wird allgemein als Bezeichnung für einen Erweiterungssteckplatz im PC eingesetzt. Je nach Bauform des Erweiterungsbusses unterscheidet man ISA-, EISA-, VESA- oder PCI-Slots.

Steckkarte

Viele Erweiterungen und Systemkomponenten des PC werden auf separaten Leiterplatten aufgebaut, die dann wahlweise in die verschiedenen Erweiterungsslots des PC eingesetzt werden. dadurch ist ein PC-System weitgehend flexibel und nach den Wünschen des Anwenders aufbaubar.

Terminal

Ursprünglich Bezeichnung für ein Bildschirmgerät, das als Arbeitsstation an einem Großrechner angeschlossen ist. Besitzt üblicherweise keine oder wenig eigene Intelligenz.

Terminalemulation

Nachbildung eines bestimmten Terminals über ein spezielles Softwareprogramm für PC.

Upload

Bzeichnung für das kopieren einer Datei von einem lokalen Rechner in eine Mailbox oder einen Online-Dienst.

VESA-Local-Bus

Bezeichnung für einen Local-Bus-Standard, der vor allem von einigen Grafikkartenherstellern ins Leben gerufen wurde. Der VL-Bus wird mit einem zusätzlichen Steckplatz neben den normalen ISA-Slots realisiert und stellt bis zu einer Taktfrequenz von 40 MHz den gesamten Prozessorbus für die Ansteuerung von Erweiterungskarten zur Verfügung. damit lassen sich vor allem hohe Übertragungsleistungen zwischen PC und Grafikkarte realisieren.

Windows

Betriebssystemaufsatz, der MS-DOS um die Funktionalität einer grafischen Benutzeroberfläche erweitert. darüber hinaus bietet Windows ein nonpreemptives Multitasking, kann DOS-Applikationen parallel abarbeiten und kann praktisch den ganzen Arbeitsspeicher des PC inklusive XMS und virtuellen (auf die Festplatte ausgelagerten) Speicher nutzen. Windows unterstützt darüber hinaus den dynamischen Datenaustausch (DDE) zwischen Applikationen und das Object Linking and Embedding (OLE). Trotz vieler fortschrittliche Funktionen, die z.T. erstmalig auf MS-DOS-Rechnern zur Verfügung stehen, ist Windows dennoch bis heute nur ein 16-Bit-System und nutzt nicht alle Fähigkeiten der 386er Prozessoren und ihrer Nachfolger.

5.5 Emotionen im Netz - Emoticons

In den zahlreichen Mailboxen und Datennetzen gibt es z.T. sehr unterschiedliche Benimmregeln. Im Internet, dem wohl freizügigsten Netzwerk heißen diese die „Netiquette" und sind z.B. beim Zugang von Compuserve aus nachzulesen. Man sollte sich vor allem als Neuling in einer Mailbox eher zurückhaltend verhalten und erst einmal lesen, um zu sehen, wie der Umgangston dort ist. Eine goldene Regel sollten Sie von Anfang an beherzigen: IN VERSALIEN GESCHRIEBENE TEXTE - entsprechen im „normalen" Gespräch laut geschrienen Argumenten. Vermeiden Sie das, wer schreit schon gerne seine Gesprächspartner an.

Um trotzdem Gefühle auszudrücken, haben sich in der weltweiten Datengesellschaft sogenannte Emoticons etabliert, kleine Symbole, die den Gefühlszustand des Schreiber ausdrücken. Im Folgenden eine kleine Auswahl davon. Wer die Zeichen nicht erkennen kann: Drehen Sie das Buch um 90 Grad nach rechts.

:-)   lachen, sich freuen

.-)   dito für einäugige

;-)   zwinkern

:-(traurig sein

:-<   abgrundtiefe Enttäuschung

(:-)   Glatzkopf lacht

|-)   Hi, hi

,-}   verlegen sein

:-\   schiefes Grinsen

:-e   Wut

>:-<   noch wütender (Haare stehen zu Berge)

:-?   Pfeifenraucher

*<|:-) Weihnachtsmann

8-)   Brillenträger

usw. Der Phantasie sind bei der Gestaltung dieser kleinen Zeichen kaum Grenzen gesetzt. Noch ein Beispiel gefällig: {(:-) Toupet-Träger.

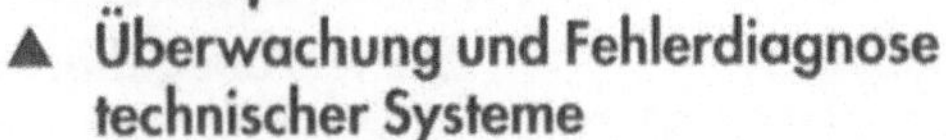

Wissen hat viele Seiten

▲ **Überwachung und Fehlerdiagnose technischer Systeme**
Moderne Methoden und ihre Anwendungen bei technischen Systemen.
Hrsg. Rolf Isermann
1994. XIV 264 S. 207 Abb.,
14 Tab. DIN A5. Br.
DM 98,00/öS 764,00/sFr 98,00
ISBN 3-18-401344-8

▲ **Software-Zuverlässigkeit**
Grundlagen, konstruktive Maßnahmen, Nachweisverfahren.
Hrsg. VDI-Gemeinschaftsausschuß Industrielle Systemtechnik.
1993. XIV, 302 S. 72 Abb.,
5 Tab. DIN A5. Br.
DM 98,00/öS 764,00/sFr 98,00
ISBN 3-18-401185-2

▲ **Fuzzy-Technologien**
Prinzipien – Potentiale –
Einsatzmöglichkeiten.
Hrsg. H.-J. Zimmermann
1993. XI, 251 S., 88 Abb.,
36 Tab. DIN A5. Br.
DM 78,00/öS 608,00/sFr 78,00
ISBN 3-18-401269-7

▲ Reinhard Langmann
Graphische Benutzerschnittstellen
Einführung und Praxis der Mensch-Prozeß-Kommunikation
1994. 213 S., 102 Abb.,
10 Tab. DIN A5. Br.
DM 98,00/öS 764,00/sFr 98,00
ISBN 3-18-401350-2

▲ Gerd Wähner
Datensicherheit und Datenschutz
Methoden und Instrumente für Computernutzer.
1993. XII, 376 S., 45 Abb.,
49 Tab. DIN A5. Br.
DM 98,00/öS 764,00/sFr 98,00
ISBN 3-18-401297-2

▲ Horst Zöller / Heiko Loewe
PC-Host-Kommunikation
Konzepte, Einsatzmöglichkeiten, Anwendungen.
1993. IX, 246 S., 64 Abb.
DIN A5. Br.
DM 78,00/öS 608,00/sFr 78,00
ISBN 3-18-401248-4

Postfach 10 10 54 · 40001 Düsseldorf
Telefon 02 11/61 88-126 · Fax 02 11/61 88-133

6 Sachwortverzeichnis